无人机技术及应用“十四五”精品系列丛书

无人机应用技术基础

主　编　刘喜荣
副主编　简晓艳　张湘云　余新涛　许　华
参　编　李祖华　毕清莹　张　淼　魏秋菊　雷凌峰　刘　波

哈尔滨工程大学出版社
Harbin Engineering University Press

内 容 简 介

本书是无人机基础的实用教材，着眼于当前无人机中基本的理论知识，为教学提供了强大支撑。本书共 10 章，主要包括无人机概述、常见无人机基本构造、无人机应用领域、无人机飞行原理、无人机动力装置、无人机控制系统、无人机操控技术、自动飞行无人机与、1+X 无人机驾驶考试、无人机大赛任务解读。

本书结构新颖、层次分明、内容丰富、通俗易懂，既可作为应用型本科、职业院校无人机及相关专业的教材，也可作为广大技术人员和自学者的参考用书。

图书在版编目（CIP）数据

无人机应用技术基础 / 刘喜荣主编. － 哈尔滨 ：哈尔滨工程大学出版社，2024.5

ISBN 978-7-5661-4390-7

I. ①无… II. ①刘… III. ①无人驾驶飞机－教材 IV. ①V279

中国国家版本馆 CIP 数据核字（2024）第 101984 号

无人机应用技术基础

WURENJI YINGYONG JISHU JICHU

策划编辑 张林峰
责任编辑 章银武

出版发行 哈尔滨工程大学出版社
社　　址 哈尔滨市南岗区南通大街 145 号
邮政编码 150001
发行电话 0451-82519328
传　　真 0451-82519699
经　　销 新华书店
印　　刷 三河市中晟雅豪印务有限公司
开　　本 787 mm×1 092 mm　1/16
印　　张 12
字　　数 307 千字
版　　次 2024 年 5 月第 1 版
印　　次 2024 年 5 月第 1 次印刷
书　　号 ISBN 978-7-5661-4390-7
定　　价 59.80 元

http://www.hrbeupress.com
E-mail:heupress@hrbeu.edu.cn

前　　言

党的二十大报告提出，“建设现代化产业体系，坚持把发展经济的着力点放在实体经济上，推进新型工业化，加快建设制造强国、质量强国、航天强国、交通强国、网络强国、数字中国”。

为了加快人工智能产业的发展，推动人工智能和实体经济深度融合，国家相关部门已明确将无人机作为中国制造尤其是人工智能的重点发展与培育对象，推动人工智能技术在无人系统领域的融合应用，发展无人飞行器等无人设备，加快无人机系统的商用化进程，促进社会生产力的发展。

随着无人机应用领域的不断扩大，技术的不断发展，国内专业的无人机人才一直处于匮乏状态，特别是中高职人才的缺口日益显现，掌握实用的无人机技能能够为学生带来更好的就业前景！

本书重点讲授了无人机的基本构造、飞行原理、动力装置、控制系统以及应用领域等，注重培养学生对于无人机系统的分析和设计能力，学生通过自身的研究学习，既可以克服学习的枯燥厌烦，又可以加深对新知识的掌握，真正做到“温故而知新”。同时，本书的章节设置合理、逻辑性强，特别注重对学生的能力和素质的培养，各章中都安排有课后习题，留给学生充分的思考空间，并可以起到巩固加深所学知识的作用，培养学生分析问题的能力和实践动手的能力。

本书由刘喜荣担任主编，由简晓艳、张湘云、余新涛、许华担任副主编，参与编写的人员有李祖华、毕清莹、张淼、魏秋菊、雷凌峰、刘波。由于在教学计划、教学要求、学时安排和学生程度等方面存在差异，老师在授课时可酌情对内容进行取舍，突出基本内容，重点讲述原理。本书相关资料可扫封底二维码或登录 www.bjzzwh.com 下载获得。

本书结构新颖、层次分明、内容丰富、通俗易懂，既可作为应用型本科、职业院校无人机及相关专业的教材，也可作为广大技术人员和自学者的参考用书。

由于编者水平有限，书中难免存在疏漏和不当之处，敬请各位专家及读者批评指正。

编　者

目 录

第 1 章　无人机概述

【本章导读】

无人机是指无人驾驶的飞机，是一种利用无线电遥控设备控制装置来操纵的不载人飞机。与载人的飞机相比，无人机能在地形复杂、危险以及恶劣的环境中更好地完成工作任务，目前无人机的应用也越来越广泛。本章主要介绍无人机的基础知识，包括无人机的类型、无人机的分类与特点、无人机与航模的区别等内容，帮助读者更好地认识和了解无人机。

【学习目标】

- 了解无人机的基本知识。
- 熟悉无人机的分类与特点。
- 了解无人机与航模的区别。

【素质目标】

- 培养学生具有良好的职业道德和诚信品质，具有较强的社会适应能力和社会责任感、社会公德意识和遵纪守法意识。
- 提高学生对科学知识的掌握和应用，拓宽学生的科学知识面，增加学生对航空航天领域的了解。

1.1　无人机的基本知识

1.1.1　无人机的优势

无人机自问世以来，已应用于军事、安防、海事、电力、环保、农业及物流等多个领域，并在这些领域的高新技术应用中起到了积极的推进作用。

1．经济性更好

无人机与有人机相比，无人机的经济性更好，一是制造和购买成本低；二是维护和使用成本低，没有昂贵的训练费用和维护费用，机体使用寿命长，检修和维护简单。

无人机的控制员最快只需要两天左右即可熟悉无人机的性能，掌握无人机的飞行技术，可以执行飞行任务；但对于有人机的飞行员而言，培训时间长、成本高，技术要求较高。在这一方面，无人机就大大节省了经费。

目前，无人机已经能够完成大量无人驾驶飞机能执行的任务，而且成本更低，经济性更好，避免了多用途带来的高成本。所以，在航拍领域，大疆无人机的应用就非常广泛，可以用来航拍各种影视镜头，这种航拍镜头在电视、电影中也越来越常见。

2．风险系数低

因为无人机不需要飞行员，因此避免了牺牲空勤人员，最大限度地保障了空勤人员的生命安全。无人机上没有飞行员，因此无须配备生命保障系统，简化了无人机的系统设计，减轻了无人机的飞行质量，同时也降低了成本。

无人机在执行危险任务时，也不会危及到飞行员的生命安全，因此更适合执行危险性高的任务。有人驾驶飞机存在被击落导致人员伤亡的风险，但无人机就不会，其优势很明显。由于无人机不受人的因素限制，因此在极端恶劣的环境下，如生化威胁、长航时、高风险的战场中能够更好地完成任务，并实现“零伤亡”的目标。

3．环境影响小

环境影响小主要体现在民用领域，因为无人机的体积小、能源消耗少，而且大部分的低空无人机主要用电池续航，因此对于环境的污染较小。例如，无人机在进行农林作业时，不会产生巨大的噪声，也不会对农作物产生影响。但有人驾驶飞机就不一样，其飞行时噪声很大，而且会对地面的一些牲畜或动物造成恐慌。

另外，无人机对环境要求较低，包括起降环境、飞行环境和地面保障等。有些无人机不需要起降坪，只需要一块平坦的空地即可垂直起降。

4．隐蔽性更强

由于无人机的体积小、质量小，因此在飞行的时候隐蔽性更强，不易被人发现。特别是在警务或军事工作中，经常需要执行侦察、跟踪、抓捕等任务，而此类任务最重要的一点就是隐蔽性要好，不能引起嫌疑人的察觉，因此这类无人机在降噪、动力、桨叶以及外观设计上都采用了特殊的材质，以达到隐蔽的效果。

1.1.2 无人机的类型

听到“无人机”这个词，人们可能会把它和军事战争联系在一起，无人机技术在第二次世界大战后期，得到了飞速的发展和进步，以前的无人机专门用来侦探敌方军情，进行空中监测，而现在这个时代的无人机，应用领域非常广，不仅仅限于军事领域，还包括很多其他的领域，逐渐形成了无人直升机、隐身无人机、长航时无人机、微型无人机以及多旋翼无人机等类型，本节将针对无人机的类型进行相关介绍。

1．无人直升机

无人直升机是指无人驾驶的直升机，由无线电地面遥控飞行或自主控制飞行的不载人飞行器，它是一款垂直起降的飞行器，具有垂直起降、空中悬停、朝任意方向飞行等功能，如图 1-1 所示。无人直升机在构造上属于旋翼飞行器，从 19 世纪 60 年代开始不停地更新换代，近十几年来其飞行技术得到了迅速发展，日益成为人们关注的焦点。

无人直升机与有人直升机相比，其体积小、造价低，不会出现人员伤亡的情况，而且在战场上的生存能力很强。在军用方面，无人直升机能完全胜任侦察、监视、目标截获、诱饵、攻击以及通信中继等任务；在民用方面，无人直升机可应用于大气监测、交通监测、电力线路检测以及森林防火等方面。

无人直升机不需要跑道，机场适应性较强，在国外发展较为迅速。例如，美国 MQ-8 火力侦察兵无人机（MQ-8 Fire Scout），除了可以很好地执行各种军事任务外，还能对敌方进行火力攻击，已被美陆军选作“未来作战系统”的一个组成部分，将成为旅级部队装备的战术无人机，如图 1-2 所示。

图 1-1　无人直升机

图 1-2　美国 MQ-8 火力侦察兵无人机

2．隐身无人机

隐身无人机并非肉眼不可见，它只是采用了独特的隐身技术，这项技术最重要的一点就是提高反雷达探测的能力，提高目标在雷达探测下的隐身性能。

隐身技术在军事上有巨大的潜力，已成为各国军队竞相用于高科技武器装备上的重要技术，现代隐身技术和无人机技术相结合而形成的新型隐身无人机，如图 1-3 所示，这种隐身无人机在隐身性能、生存能力、作战主动权方面的效果非常不错。

图 1-3　隐身无人机

隐身无人机的主要隐身技术如图 1-4 所示。

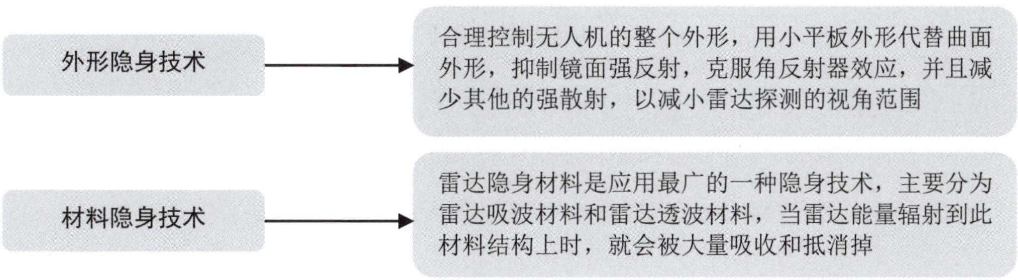

红外隐身技术 → 发动机的尾喷管或排气口是红外探测器的主要红外源，因此可采用散热量小的发动机，对发动机进行隔热处理并改进发动机喷管的设计达到隐身效果

图 1-4　隐身无人机的主要隐身技术

随着隐身技术与无人机技术的不断发展，隐身无人机的功能日益完善，其隐身技术也在不断更新。1960 年初，美国就开始在 Q-2 无人机上采用了隐身技术。自 1995 年以来，美国的高空长航时隐身无人机 Tier3-“暗星”和 X-36 无人机一直受到世人的瞩目。其中，Tier3-“暗星”具有突出的隐身能力，为更先进的隐身无人机设计奠定了基础，如图 1-5 所示。

3．长航时无人机

长航时无人机（long endurance unmanned aerial vchicle），在空中持续飞行的时间一般在 10 h 以上（甚至超过 24 h），一般用于执行战略/战役侦察任务。长航时无人机为了能在中高空（7 000～20 000 m）长时间的飞行，确保有足够的升力，因此在外形设计上它的机翼面积大、翼展宽，如图 1-6 所示。

图 1-5　高空长航时隐身无人机 Tier3-“暗星”

图 1-6　长航时无人机

高空长航时无人机对动力方面的要求如图 1-7 所示。

发动机的基本能力 → 发动机应具有良好的任务可靠性，良好的燃油经济性，稳定的高空作业能力，以及良好的爬升能力

发动机的质量与成本 → 发动机的质量要尽可能小，其寿命应尽可能长，其采购、运行和维护成本应尽可能低

发动机的散热与冷却 → 由于高空中空气稀薄，因此发动机的散热性能一定要好，冷却速度要快，否则会影响长时间的飞行任务

发动机的供电能力 → 因为高空长航时无人机需要长时间在高空中执行任务，因此用电需求大，发动机应提供充足的电力

图 1-7　高空长航时无人机对动力方面的要求

下面介绍几款功能强大的高空长航时无人机类型，让读者对长航时无人机有更多的了解，如图 1-8 所示。

“全球鹰”无人机	这是一款高空长航时监视无人机，体积较大，主要用于侦察监视任务，在飞行中可通过卫星数据链把侦察到的图像信息实时传输给地面工作站
“蒂尔”无人机	这是一款高空长航时战术无人机，主要采用石墨碳精复合材料，以减小机体的质量，续航时间为 12 h 左右，最大升限为 15 km，巡航速度为 463 km/h
“捕食者-B”无人机	这款无人机的功能十分强大，可执行侦察、监视、目标指示、电子战，以及实弹攻击等多种任务，在战场上有诸多应用，使其成为最成功的战术型无人机
“赫尔梅斯”1500 无人机	这款高空长航时无人机由以色列研制，1997 年首次飞行，主要执行实时侦察、监视、目标截获和通信中继等任务，它的续航时间大于 40 h
“萨若海尔”无人机	这款高空长航时无人机由法国研制，2007—2010 年推向军队服役，任务载荷包括光电、红外和雷达传感器、电子情报和通信情报装置、空中地图测绘设备等

图 1-8　高空长航时无人机类型

图 1-9 为美国“捕食者-B”无人机。

图 1-9　美国“捕食者-B”无人机

4．微型无人机

微型无人机是指超小型的无人机，是尺寸只有手掌大小（约 15 cm）的飞行器，具有成本低、体积小、质量小、机动性好以及隐蔽性好等特点，特别适于小部队行动和巷战侦察。有些中大型无人机到不了的狭小区域，正适合这种微型无人机去执行任务。

1992 年，资深科学家奥根斯坦主持了有关微型无人机的讨论，首次提出了关于微型无人机的概念。自 20 世纪 90 年代以来，微型无人机逐渐引起了各国的关注，它的迅速发展和大量使用，将对未来的军事行动产生重大影响。

在微型无人机领域，比较有代表性的就是挪威公司 Prox Dynamics 研发的“黑蜂”微型无人机，续航时间为 25 min 左右，覆盖范围为 1.6 km，体积较小，携带 3 个摄像头，可以将高清的图像与视频信息提供给地面工作站，如图 1-10 所示。

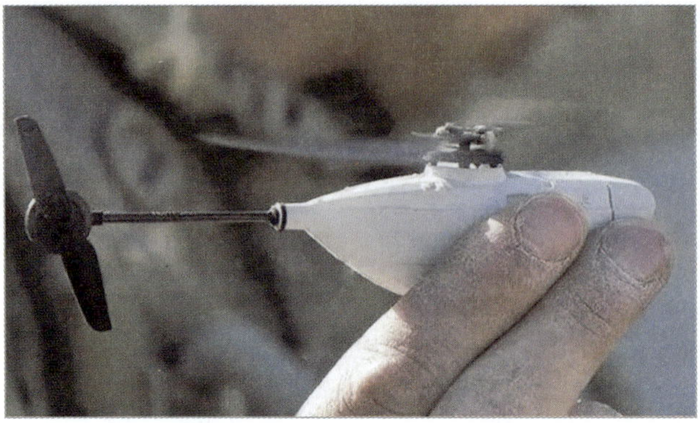

图 1-10 “黑蜂”微型无人机

5．多旋翼无人机

多旋翼无人机在民用领域应用非常广泛，如农业、植保、影视、救援以及巡检等，它的特点是操作智能、体型较小、飞行稳定、拍摄清晰及维护方便。很多民营企业也在研发多旋翼无人机，最受广大摄影爱好者喜欢的就是大疆系列的无人机。

大疆是目前世界范围内航拍平台的领先者，占据了全球 70%以上的市场份额，先后研发了不同系列的多旋翼无人机，如大疆精灵（Phantom）系列、御（Mavic）系列及悟（Inspire）系列，都十分受航拍爱好者的青睐。

（1）大疆精灵（Phantom）系列

大疆精灵（Phantom）系列是一款便携式的四旋翼飞行器，引发了航拍领域的重大变革，这是一款入门级的无人机，专门针对航拍初级爱好者，机型在设计上非常简单，不复杂，用户购买后只需要进行简单的组合安装，就可以带着无人机出去航拍了，不需要用户再调试设备。图 1-11 为大疆精灵 4 无人机。

图 1-11 大疆精灵 4 无人机

根据大疆精灵（Phantom）系列的发展史，大疆精灵系列包括大疆精灵 1、大疆精灵 2、大疆精灵 3、大疆精灵 4 等不同型号，如图 1-12 所示。

大疆精灵 1 系列 → 大疆精灵 1 可以搭载 GoPro 相机，使用卫星信号时极其稳定，是一款航拍能力非常不错的小型无人机，但是不能同步看到相机拍摄画面，需要另外再购买一套影像传输器，将 GoPro 相机内容传输回来大疆精灵 2 系列 → 大疆精灵 2 具有更强大的电池续航功能，可以搭载三轴云台，在空中飞行时可以实现相机机头自由旋转，画面拍摄稳定性也非常好，成像质量还可以，但还是需要进行必要的后期处理，才有好的效果

大疆精灵 3 系列 → 大疆精灵 3 的拍摄能力已经到了专业级的水准，动力更加饱满，可以通过 App 对相机的曝光和快门参数进行单独控制，具有高清的图像传输系统，支持第一人称视角监视，实现了无人机的智能飞行

大疆精灵 4 系列 → 大疆精灵 4 增强了发动机的功能，以及新增了前视感知系统，可以让无人机跟随目标进行飞行，还有可拆卸的螺旋桨，集成相机的配置功能更加强大，飞行时的平衡能力也更强，可实现空中高速飞行

图 1-12　大疆精灵（Phantom）系列的发展史

（2）大疆御（Mavic）系列

大疆御（Mavic）系列与精灵系列不同，御系列主打轻便、易携带的特点，无论是起飞前还是降落后，用户只要一只手就能轻轻松松拿起无人机，摄影爱好者出去旅游时，携带也特别方便，不笨重，不耗体力。Mavic Pro 还能够拍摄 4K 分辨率的视频，并配备地标领航系统，具有更强大的续航能力，最长的飞行时间可达 30 min 左右，飞行距离可达 7 km。

2018 年 8 月 23 日，大疆创新在纽约发布御 Mavic 2 系列无人机，包括御 Mavic 2 专业版及御 Mavic 2 变焦版两款，御 Mavic 2 专业版更受摄影爱好者的青睐，其机型如图 1-13 所示。

图 1-13　御 Mavic 2 专业版

大疆御（Mavic）系列的特点如图 1-14 所示。

设备配置上 → Mavic 搭载 24 核处理器，具有双模式的卫星定位系统，具备四枚图像传感器，三轴增稳云台以及智能电池

相机拍摄上 → 拥有 1 200 万像素航拍相机，不仅能拍摄 4K 的照片和视频，还可以拍摄 JPG 和 RAW 两种格式的照片，拍摄画面特别稳定，不模糊

智能飞行上 → Mavic 拥有智能飞行和自动返航功能，能一键起飞与一键返航降落，可实现智能跟拍，能够实时感知飞行前方 30 m 的环境情况

电池续航上 → Mavic 的智能电池技术，能够让用户在手机屏幕上实时看到电池的剩余电量，续航能力已达到 30 min，图传距离最远可达 7 km

设备操作上 → Mavic Pro 的遥控器采用折叠设计，自带显示屏可显示高度、距离、电量等信息，用户可通过遥控器和手机等方式对无人机进行操作

图 1-14 大疆御（Mavic）系列的特点

近几年，大疆还研发了两款性价比超高的御（Mavic）系列无人机，例如，Mavic Air 2S，它的机身重 595 g，搭载了一英寸 CMOS 传感器，可拍摄 2 000 万像素照片、4K/60 fps 视频及 8K 移动延时视频，电池的续航时间长达 30 min 左右。这款无人机性价比很高，深受用户喜爱，如图 1-15 所示。

另一款是 Mavic Mini 2，机身质量小于 249 g，像御 Mavic 2 Pro 一样可以折叠，桨叶被保护罩完全包围，飞行时特别安全，1 200 万像素能航拍出高清的照片，还可以拍摄 4K 高清视频，内置了多种航拍手法与技术，轻松一按就能拍出美美的大片，如图 1-16 所示。

图 1-15 Mavic Air 2S

图 1-16 Mavic Mini 2

（3）大疆悟（Inspire）系列

2014 年 11 月 13 日，在旧金山金银岛上，大疆正式发布了一款消费级无人机，那就是“悟” Inspire 1，全球首款可变形的航拍无人机飞行器，支持 4K 拍摄。2016 年 11 月 16 日凌晨 03:30，大疆在洛杉矶正式发布“悟” Inspire 2，该款无人机适合高端电影、视频创作者使用。

“悟” Inspire 2 相较于“悟” Inspire 1，其机体采用的是镁铝合金可变形机身，碳纤维机臂，使机身更为坚固、轻便，“悟” Inspire 2 最快速度高达 30 m/s，0～80 km/h 的加速时间仅为 4 s，最长飞行时间为 30 min。图 1-17 为“悟” Inspire 1 无人机；图 1-18 为“悟” Inspire 2 无人机。

图 1-17 “悟” Inspire 1 无人机

图 1-18 “悟” Inspire 2 无人机

“悟”Inspire 2 具有全新的前置立体视觉传感器，它可以感知前方最远 30 m 的障碍物，具有自动避障功能，这个功能在大疆的御（Mavic）系列也有。“悟”Inspire 2 机体装有 FPV 摄像头，内置全新图像处理系统 CineCore 2.0，支持各种视频压缩格式，其动力系统也进行了全面升级，上升最大速度为 6 m/s，下降最大速度为 9 m/s，Inspire 2 主、从遥控器的连接距离最远可达 100 m。

1.2　无人机的分类与特点

无人机是迄今为止品种最复杂、应用领域最广的航空飞行器。随着无人机技术的不断成熟，产品类型逐渐多样化，其用途各有不同，也就产生了许多的分类，主要包括按飞行平台构型分类、按使用性质分类、按空机质量分类、按活动半径分类以及按任务高度分类等。

1.2.1　按飞行平台构型分类

按飞行平台构型分类，主要有以下六种类型，相关特点如图 1-19 所示。

固定翼无人机 → 这是军用和多数民用无人机的主流样式，特点是飞行速度较快

无人直升机 → 这是灵活性最强的无人机平台，特点是可以原地垂直起飞和悬停

多旋翼无人机 → 这是消费类无人机的首选平台，如大疆，操纵简单、成本较低

自转旋翼无人机 → 一般用于军事，自转旋翼机属于轻型飞行器，不能进行垂直起降

无人飞艇 → 一般用于军事，能持久定点停留，有显著的抗摧毁和抗干扰能力

伞翼无人机 → 适合低空飞行，可用于低空农林作业、查线、探矿及水文测量

图 1-19　按飞行平台构型分类

图 1-20 为自转旋翼无人机，其结构简单，造价低廉。

图 1-20　自转旋翼无人机

无人飞艇是轻于空气的航空器，如图 1-21 所示，其内部充以密度比空气小的气体，如氢气或氦气，常用于气象探测、通信中继等领域。

图 1-21　无人飞艇

伞翼无人机是一种以柔性伞翼提供升力重于空气的航空器，构造简单，操纵方便，由于其采用柔性翼面，因此飞行高度不能高于 2 000 m，如图 1-22 所示。

图 1-22　伞翼无人机

上面介绍的六种无人机类型，前面三种类型是比较常见的，后面三种类型比较少见。除了这六种类型外，还有扑翼无人机，是指像鸟一样通过机翼主动运动产生升力和前行力的飞行器，又称振翼机，其噪声非常小，便于战场隐蔽侦察。

1.2.2　按使用性质分类

无人机根据其功能的不同，适合多种场景，用途十分广泛，主要包括军用无人机、警用无人机以及民用无人机三大类。军用、警用和民用无人机的类型和作用如图 1-23 所示。

军用无人机	侦察无人机	监视战场，为部队提供实时情报支持
	诱饵无人机	引诱敌方射击，吸引敌方火力，掩护己方突防
	电子对抗无人机	可以对敌方雷达和无线电通信实施抵近式干扰
	通信中继无人机	是空中中继平台，可向其他飞机传送图像信号
	攻击无人机	可以攻击、拦截地面和空中目标，有作战能力
	无人靶机	可用于地面防空和空中格斗武器的试验与训练

警用无人机	巡查/监视无人机	可以胜任巡查、监视等空中任务，其可靠性强
	消防无人机	可以全面巡查事故现象，远程灭火操作效率高
	监测无人机	可以进行海洋监测，更好地服务社会经济发展
民用无人机	农用无人机	具有播种施肥程度高、效率高、覆盖广的特点
	勘探无人机	用于执行危险性高的地质勘探任务，效率高
	航拍无人机	用于高空航拍风光美景，可用于影视、宣传等

图 1-23　军用、警用和民用无人机的类型和作用

1.2.3　按空机质量分类

无人机的“空机质量”是指飞机在不挂载燃料、电池以及不安装载荷设备的状态下，所称得的飞机质量。按照《民用无人机驾驶员管理规定》的空机质量和起飞全重进行分类，无人机可分为以下六种类型，如图 1-24 所示。

微型无人机	空机质量小于 0.25 kg，同时飞行高度不超过 50 m
轻型无人机	空机质量不超过 4 kg，最大起飞质量不超过 7 kg
小型无人机	空机质量不超过 15 kg，最大起飞质量不超过 25 kg
中型无人机	空机质量介于 15～116 kg，起飞重质量介于 25～150 kg
大型无人机	空机质量介于 116～5 700 kg，起飞质量介于 150～5 700 kg
超大型无人机	空机质量和起飞质量超过 5 700 kg

图 1-24　按空机质量分类

▶ 专家指点

无人机在安装了电池或搭载燃料以及载荷设备后，随时可以起飞的情况下所称得的飞机质量，称之为起飞质量。

1.2.4　按活动半径分类

按照无人机的活动半径进行分类，可以将无人机分为以下五种，如图 1-25 所示。

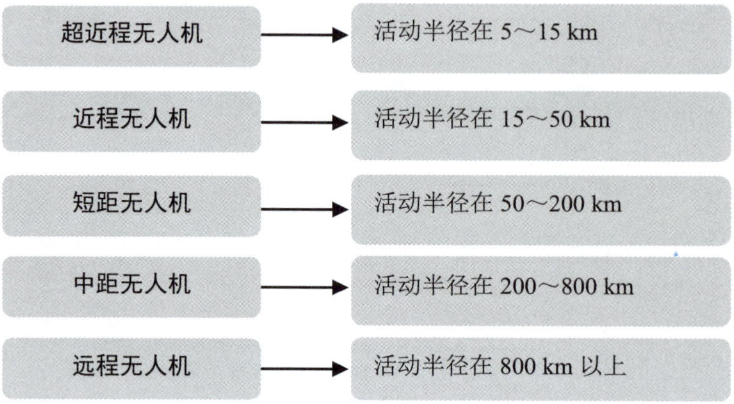

图 1-25　按活动半径分类

1.2.5　按任务高度分类

按照无人机的任务高度进行分类，可以将无人机分为以下五种，如图 1-26 所示。

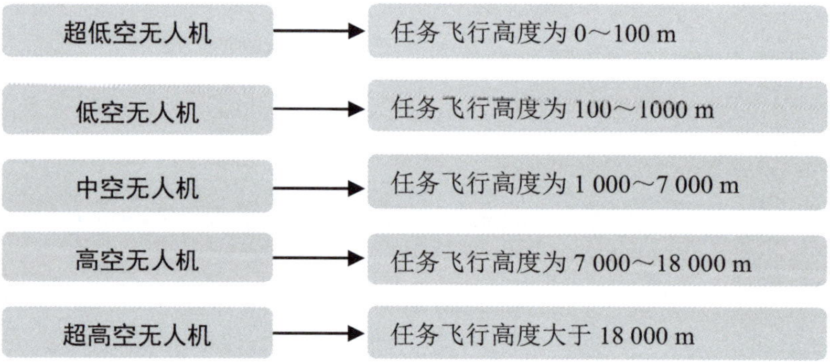

图 1-26　按任务高度分类

任务飞行高度在 1 000 m 以下的，通常执行侦察和拍照任务，主要以消费级无人机在该类型中占比较大，如大疆的无人机系列。而任务飞行高度在 1 000 m 以上的中空、高空和超高空无人机则是无人机发展的重点方向，也是技术研究的重点方向。

1.3　无人机与航模的区别

很多人容易将无人机与航模弄混淆，其实两者的区别很大。一般意义上的航模，是指通过遥控器或者控制线来控制飞行器；而无人机是通过飞控系统来控制飞机的姿态和航线，可以将航线规划以代码的方式提前输入飞控系统。本节将从无人机与航模的定义、飞控系统、用途、组成以及安全管理等方面来对比两者的区别。

1.3.1　定义的对比

无人机与航模的定义不同，如图 1-27 所示。

航模的定义	目前，我国对于航模的定义是航空模型要在可视范围内飞行，飞行距离不超过 500 m，高度不超过 120 m，飞行器上带有动力装置，这种在可视范围内飞行的、不载人的飞行器就叫作航空模型
无人机的定义	无人机是一种由无线电遥控设备或自身程序控制装置操纵的无人驾驶飞行器，主要通过电脑、地面站，以及地面电路来指挥无人机的飞行姿态和航线，可以远距离、长时间的飞行，这是无人机的特点

图 1-27　定义的对比

1.3.2　飞控系统的对比

无人机与航模最大的区别就在于飞控系统，如图 1-28 所示。

航模的飞控系统	航模是由操控人员通过遥控器的操作，在可视范围内控制飞行器的飞行姿态和航向，这样飞行器才能正常飞行。航模本身不能自主飞行，它的飞控系统始终在操控人员手中的遥控器上
无人机的飞控系统	无人机是通过中央飞控系统与地面站进行交互，控制无人机的飞行姿态和航向，实现无人机的自主飞行。无人机本身自带“大脑”飞行，只是“大脑”受限于人工智能

图 1-28　飞控系统的对比

1.3.3　用途的对比

无人机与航模用途各不相同，一种是军用比较多，另一种是民用比较多，如图 1-29 所示。

航模的用途	航模在民用领域应用得较多，如在模型飞机上装上摄影机，可以对地面进行航拍，拍摄一些人们不容易接近的野生动物。很多无人机系统也有类似航模的能力，可以在视距内直接遥控操作
无人机的用途	无人机在军用领域应用得较多，一般飞行上千千米，通过机载导航飞控系统实现无人机的自主飞行，通过链路系统上传控制指令和下传任务信息，一般用于侦察、监视、攻击、交通监测等任务

图 1-29　用途的对比

1.3.4　组成的对比

无人机与航模的组成不同，而且区别很大，如图 1-30 所示。

航模的组成 →	航模的组成较为简单，科技含量并不高，主要由飞行平台、动力系统以及遥控器组成，外形设计较为美观，而且小巧、轻便，外出携带方便，设计成本比无人机要低很多
无人机的组成 →	无人机的组成要比航模复杂很多，科技含量高，主要由飞行平台、动力系统、飞控导航系统、链路系统、任务系统以及地面站等组成，为了完成指定的任务，还需要搭载雷达传感器和通信情报装置等

图 1-30　组成的对比

1.3.5　安全管理的对比

无人机与航模的安全管理也不同，根据军用与民用的领域，其管理方也不一样，如图 1-31 所示。

航模的管理 →	一般情况下，航模由国家体育运动委员会下属航空运动管理中心管理
民用无人机的管理 →	民用无人机由中国民用航空局统一管理，最典型的就是大疆无人机
军用无人机的管理 →	军用无人机主要用来作战时使用，由军方统一管理和配置

图 1-31　安全管理的对比

本章小结

本章主要介绍了无人机的基本知识、无人机的分类与特点、无人机与航模的区别。通过对本章的学习，希望读者能更好地了解无人机，为后面的学习奠定良好的基础。

习题 1

1. 无人机的优势有哪些？
2. 无人机的类型有哪些？
3. 无人机按使用性质进行分类，可以分为哪些类型？
4. 无人机与航模有哪些区别？

第 2 章　常见无人机基本构造

【本章导读】

若要快速提升无人机的技术性能，满足多种应用场景的需求，就应了解无人机的结构和材料，更轻质的材料、更高的强度以及更便捷的制造技术可以提升无人机的核心技术。本章主要介绍几种常见无人机的基本构造。

【学习目标】

- 熟悉固定翼无人机、无人直升机、多旋翼无人机的基本构造。
- 了解其他飞行平台的基本知识。

【素质目标】

- 培养学生的空间想象力和空间感知能力，为提高学生的动手能力与创新能力奠定基础。
- 提升学生的综合素质，培养学生科学探究的能力，拓宽知识面，增强学生无人机基础知识的储备。

2.1　固定翼无人机

固定翼无人机是指机翼外端后掠角可随速度自动或手动调整的机翼固定的一类无人机，因其功能强大、结构简单，被广泛应用于测绘、地质、农林以及石油等领域。固定翼无人机主要由机身、机翼、尾翼及起落架组成，如图 2-1 所示。本节主要介绍固定翼无人机的基本构造，帮助读者更好地了解固定翼无人机。

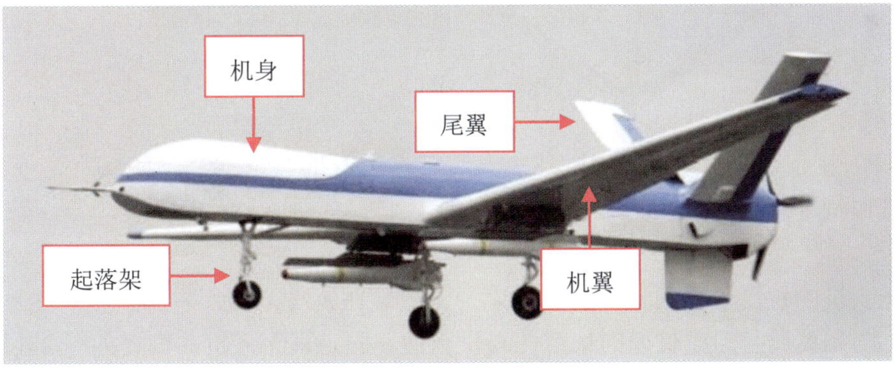

图 2-1　固定翼无人机的结构

2.1.1 机身

固定翼无人机的机身主要用来装载燃料和各种需要的设备，它将机翼、尾翼及起落架等部件连成一个整体。从机身结构来看，机身就像一根支撑在机翼上的悬臂梁，按其结构元件的受力特点来划分，主要有以下三种类型，如图 2-2 所示。

构架式机身	在一些低速或低空飞行的固定翼无人机上，机身的承力构架做成了四缘条的立体构架，这种机身虽然强度和冲击性较好，但刚度不好，抗扭特性较差，内部容积也没有充分利用
硬壳式机身	这种机身的结构是由蒙皮与少数隔框组成的，结构比较简单，气动外形光滑，而且机身的内部空间可以全部利用，没有纵向加强件，因而蒙皮必须足够强以维持机身的刚性
半硬壳式机身	这种机身结构主要采用了金属蒙皮，并且将蒙皮与隔框、大梁、桁条牢固地铆接起来，成为一个受力的整体。这种结构质量较小，机身上凡是开口较少的部位大多采用这种结构

图 2-2　固定翼无人机的机身

图 2-3 为构架式机身结构，在一些小型的低速无人机上，通常会采用这种构架式机身，简单、方便、成本低。

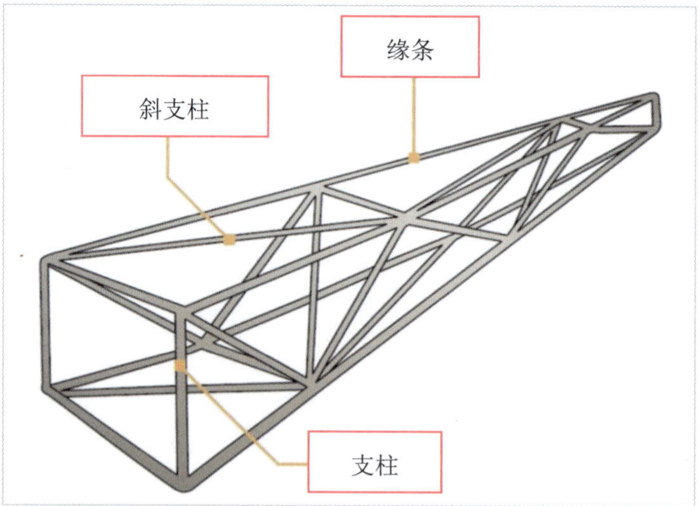

图 2-3　构架式机身结构

2.1.2 机翼

固定翼无人机的机翼是非常重要的部件之一，安装在机身两侧，它的主要功能是产生飞行所需的升力，与尾翼一起形成良好的稳定性与操纵性。固定翼无人机的机翼如图 2-4 所示。

图 2-4　固定翼无人机的机翼

固定翼无人机的机翼通常由翼梁、纵墙、桁条、翼肋和蒙皮等构件组成，如图 2-5 所示。

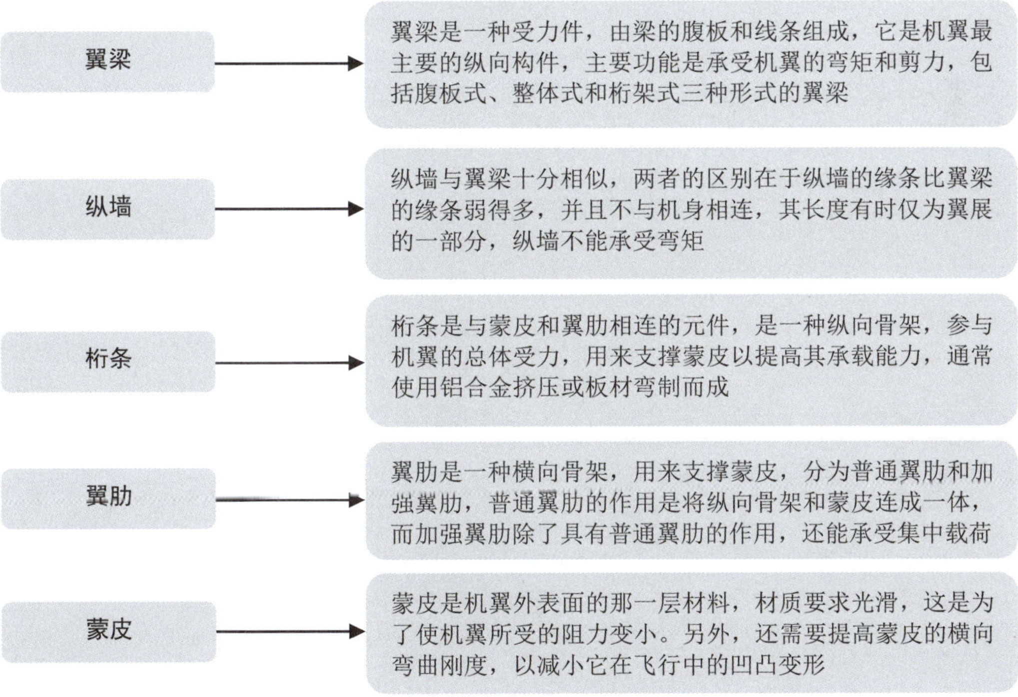

图 2-5　机翼的构件组成

2.1.3　尾翼

尾翼是安装在无人机尾部的一种装置，是飞行控制系统的重要组成部分。

尾翼的主要作用是稳定和操纵固定翼无人机的俯仰、偏航、倾斜以改变其飞行姿态，对无人机起纵向稳定的作用。当无人机在空中飞行时，会遇到各种干扰（如大风、大雨等），从而偏离原来的飞行姿态，此时尾翼具有恢复无人机原有姿态的能力。

尾翼的结构也比较简单，主要由水平尾翼和垂直尾翼组成，常规尾翼如图 2-6 所示。也有少数无人机采用 V 形尾翼，如图 2-7 所示。

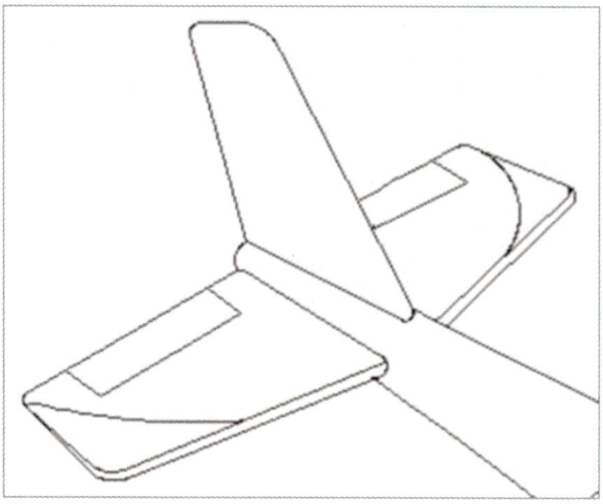

图 2-6　常规尾翼

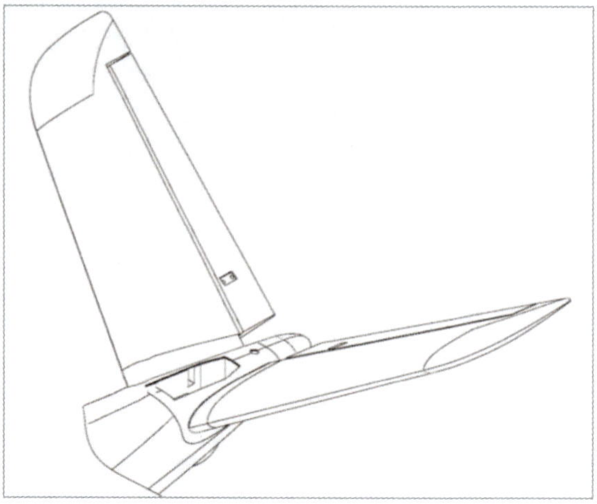

图 2-7　V 形尾翼

2.1.4　起落架

起落架是无人机下部用来起飞、降落与滑行的一种移动附件装置，是一种支撑整架无人机的部件，在安全起降过程中担负着非常重要的使命。一般情况下，起落架由支柱、减震器、机轮、刹车装置以及收放机构五个部分组成，如图 2-8 所示。

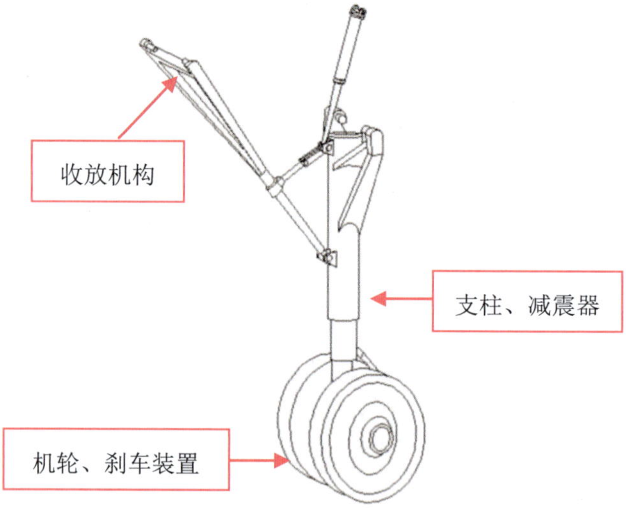

图 2-8　无人机起落架

下面对固定翼无人机起落架的各组成部分进行介绍，如图 2-9 所示。

支柱	支柱作为安装机轮的支撑部件，当无人机着陆后，支柱需要承受地面各个方向的载荷
减震器	减震器的主要作用是当无人机着陆后进行滑跑时，减小冲击载荷，可以与支柱合二为一
机轮	机轮主要用于地面的滑行任务，如直行、左转或右转，可以对无人机起到一定的减震作用

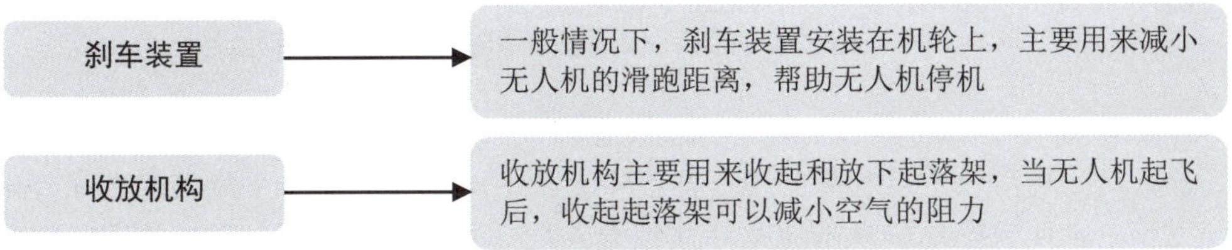

图 2-9　无人机起落架的组成部分

在固定翼无人机中，起落架有三种常见的样式，如机轮式、滑撬式及浮筒式，下面进行简单介绍。

1．机轮式起落架

机轮式起落架是较常见的一种固定翼无人机起落架，如图 2-10 所示，可以滑跑起飞和滑跑着陆，在大载重的情况下，这种起落架有明显的优势，着陆减震缓冲效果比较好。

图 2-10　机轮式起落架

2．滑撬式起落架

滑撬式起落架适合在沙地、草地、雪地以及斜坡上起飞和着陆，这种起落架的构造比较简单，维护方便，但不具备超载滑跑起飞的能力，如图 2-11 所示。

3．浮筒式起落架

浮筒式起落架主要用于水陆两栖无人机上，方便无人机能够在水上和陆地上安全降落，机轮一般安装在浮筒内，需要在地面着陆时，就打开机轮滑行；需要在水面降落时，就只需要浮筒即可安全降落，如图 2-12 所示。

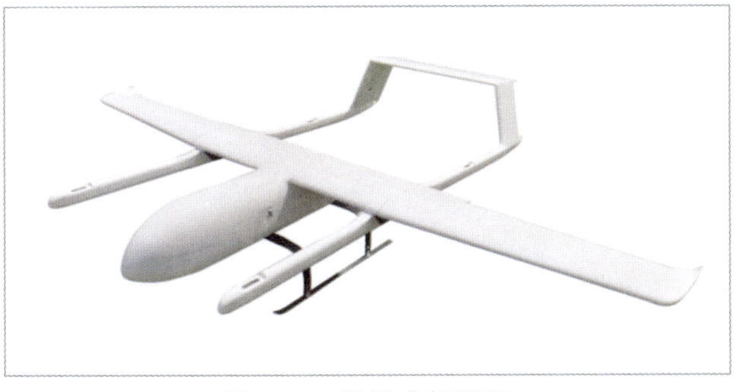

图 2-11　滑撬式起落架

图 2-12　浮筒式起落架

2.2 无人直升机

无人直升机是一种可以垂直起降的飞行器，主要依靠一个或多个水平旋转的旋翼提供向上升力而进行飞行，主要包括单旋翼带尾桨和共轴无人直升机两种类型，目前单旋翼带尾桨的无人直升机是应用比较广泛的一种机型，如图 2-13 所示。本节将主要介绍无人直升机的机体结构，包括旋翼、尾桨和起落架等部件。

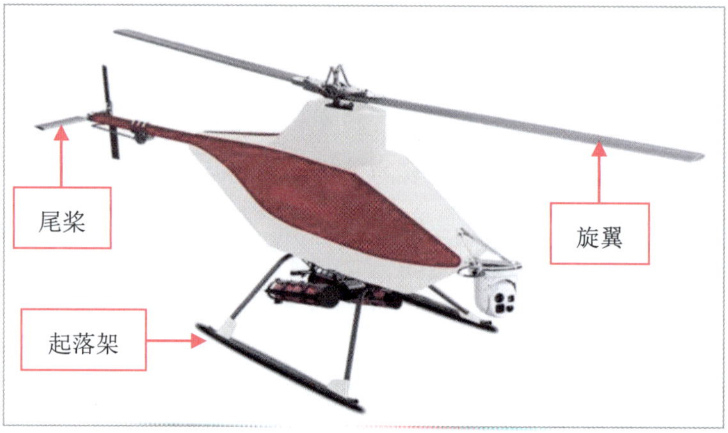

图 2-13 单旋翼带尾桨的无人直升机

2.2.1 旋翼

旋翼是无人直升机的重要部件，主要功能是产生升力，为无人直升机的运动提供动力。旋翼有多种类型，根据桨叶与桨毂的不同连接方式，使旋翼产生了不同的结构形式，主要包括铰接式旋翼、无铰式旋翼、半铰式旋翼以及无轴承式旋翼四种类型，如图 2-14 所示。

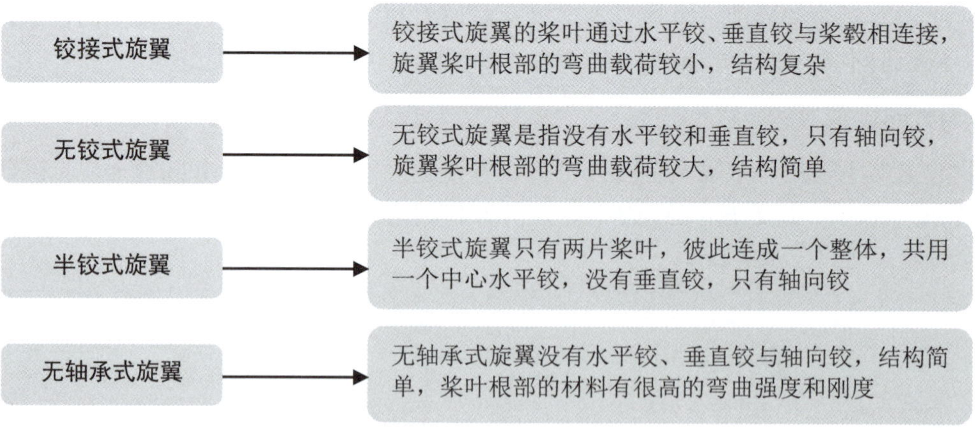

图 2-14 旋翼的类型

2.2.2 尾桨

通过前面无人直升机的相关介绍，了解了单旋翼无人直升机除了机顶有一个主桨外，在尾部还有一个垂直的尾桨，尾桨是单旋翼直升机的一个重要组成部分，如图 2-15 所示。

- **抵消反扭力矩** → 无人直升机的主桨主要产生反扭力矩，而尾桨可以产生偏转力矩，抵消反扭力矩，实现空中稳定的飞行
- **改变飞行方向** → 通过改变尾桨的桨距可以使偏转力矩发生变化，从而实现机头向左或向右偏航飞行，改变飞行方向
- **应对空中气流** → 当空中有不稳定的气流时，尾桨根据机身偏移程度改变偏转力矩，从而让直升机回归平稳的飞行状态

图 2-15　尾桨的作用

无人直升机的尾桨结构与旋翼结构类似，主要包括“跷跷板”式、多叶万向接头式、多叶铰接式以及无轴承式等四种类型，如图 2-16 所示。

- **“跷跷板”式尾桨** → 这种尾桨有一个共享的中心水平铰和轴向铰，没有垂直铰，尾桨桨毂结构简单，常用于轻型的无人机设计
- **多叶万向接头式尾桨** → 这种尾桨的桨毂从中心向外发散，通过桨叶的挥动，万向铰能保证桨毂壳体相对于旋转平面向任何方向倾斜
- **多叶铰接式尾桨** → 这种尾桨经常用在三叶或三叶以上的无人直升机中，多采用无摆振铰式结构，构造复杂，旋转面受力严重
- **无轴承式尾桨** → 这种尾桨的结构比较简单，没有挥舞铰和变距铰，这样就大大提升了尾桨的使用期限和安全性，可靠性强

图 2-16　尾桨的类型

2.2.3　起落架

在无人直升机中，最常见的是滑橇式起落架，如图 2-17 所示，它适合在不同的环境中起降。一般情况下，大多数的滑橇式起落架中都安装了减震器，用来减少无人机着陆后的冲击和振动，还有一些起落架利用滑橇支撑臂的弯曲来吸收振动。

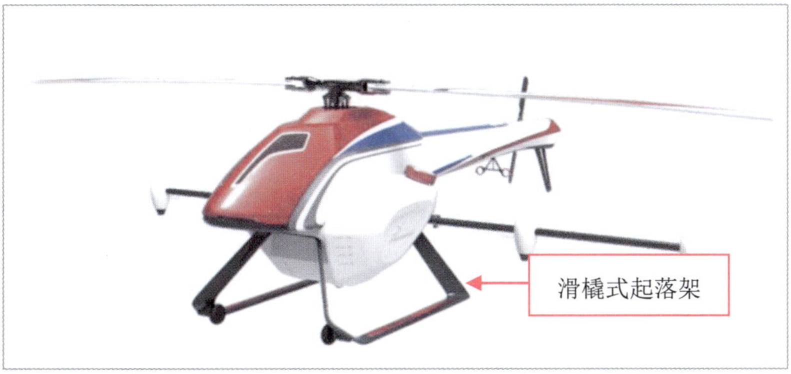

图 2-17　滑橇式起落架

2.3　多旋翼无人机

多旋翼无人机在民用无人机行业中应用广泛，在结构上可以分为机身、机臂、螺旋桨、脚架、云台以及电池等部分，在第 1 章中详细介绍了多旋翼无人机的相关内容，本节主要介绍多旋翼无人机的基本构造，帮助读者更好地了解多旋翼无人机。

2.3.1　机身

无人机的机身是非常重要的部件之一，主要用来安装各种零部件和动力蓄电池，可以将机臂、脚架、云台以及电池等连接成一个整体。多旋翼无人机的机身大多采用碳纤维的材质进行设计，因为这种材质具有质量小和强度大的特点，安全、耐用。

图 2-18 为大疆御 Mavic 2 专业版无人机的机身。

图 2-18　大疆御 Mavic 2 专业版无人机的机身

2.3.2　机臂

机臂是机架的延伸，可以延长轴距，主要用来安装电机和螺旋桨，如图 2-19 所示。

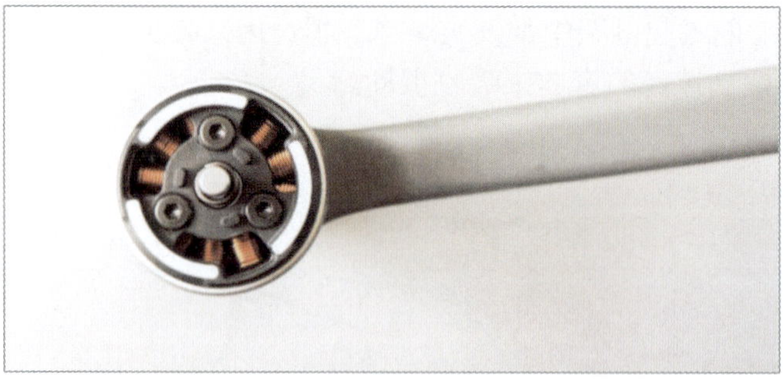

图 2-19　机臂

2.3.3　螺旋桨

螺旋桨的主要功能是产生升力，多旋翼无人机有三个或三个以上的螺旋桨，安装在机臂的电机上。以大疆御 Mavic 2 专业版无人机为例，这款无人机使用的降噪快拆螺旋桨，桨帽分为两种，一种是带白色圆圈标记的螺旋桨；另一种是不带白色圆圈标记的螺旋桨，如图 2-20 所示。

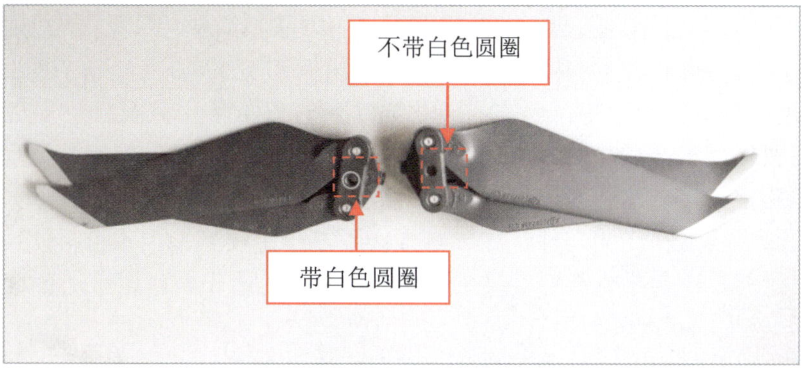

图 2-20　带白色圆圈和不带白色圆圈标记的螺旋桨

1．安装方法

将带白色圆圈的螺旋桨安装至带白色标记的安装座上，如图 2-21 所示；不带白色圆圈的螺旋桨安装至不带白色标记的安装座上，如图 2-22 所示，根据标记来安装螺旋桨的桨叶，是最简单的识别方法。

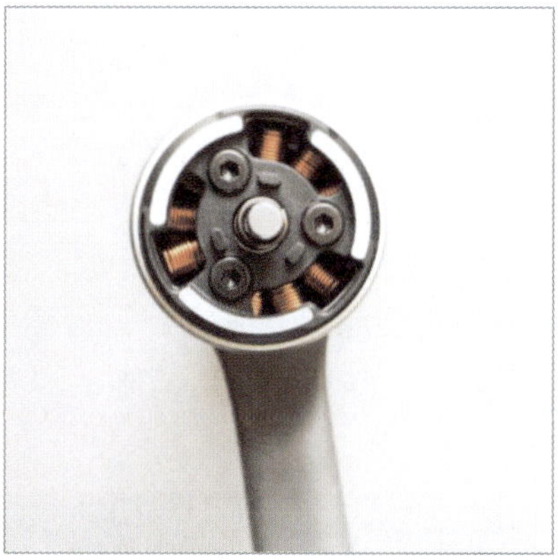

图 2-21　带白色标记的安装座

图 2-22　不带白色标记的安装座

将桨帽对准电机桨座的孔，如图 2-23 所示，嵌入电机桨座并按压到底，再沿边缘旋转螺旋桨到底，松手后螺旋桨将弹起锁紧，如图 2-24 所示，一定要检查螺旋桨有没有锁紧。

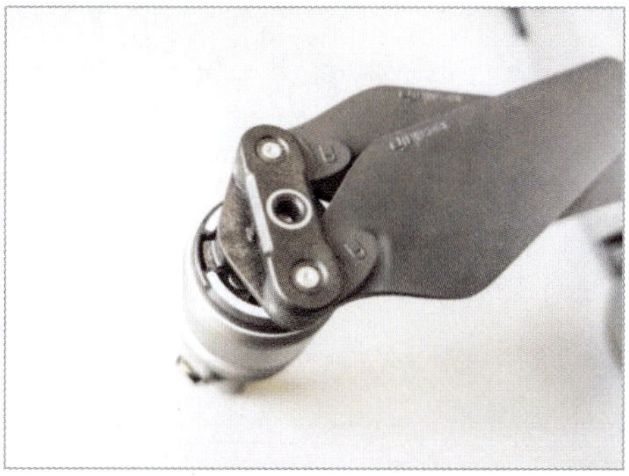

图 2-23　将桨帽对准电机桨座的孔

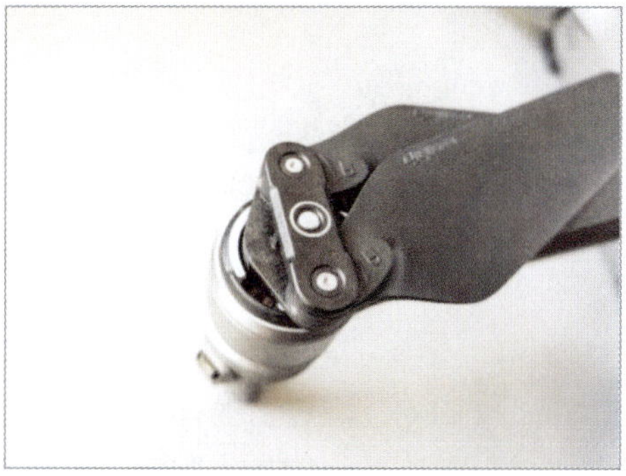

图 2-24　螺旋桨将弹起锁紧

2. 拆卸注意事项

当不需要再飞行无人机了，就可以将无人机收起来，在折叠收起的过程中，需要将螺旋桨也收起来，这样可以防止螺旋桨伤到人。拆卸螺旋桨的方法很简单，只需要用力按压桨帽到底，然后沿螺旋桨所示锁紧方向反向旋转螺旋桨，即可拧出拆卸下来。

在拆卸和使用螺旋桨的过程中，用户需要注意以下七个要点。

（1）用户需要使用相同型号的螺旋桨，切忌不可与其他无人机的螺旋桨混用。

（2）由于螺旋桨的桨叶比较薄，用户拿起或放下的时候，一定要小心。

（3）螺旋桨属于容易损耗的配件，如果有损伤了，一定要换掉，不可再使用。

（4）每次飞行前，一定要检查螺旋桨是否完好，电机是否正常，螺丝是否有松动，配件是否有老化、变形、破损的状况。

（5）确保电机安装牢固、电机内无异物，可以自由旋转。

（6）用户千万不能自行改装电机的物理结构。

（7）当用户停止无人机的飞行后，不要立马用手去拆卸螺旋桨，因为这个时候的电机是发烫的状态，容易烫到手，等电机冷却后再拆卸螺旋桨。

2.3.4 脚架

多旋翼无人机的脚架又称为起落架，主要用来停放无人机，给无人机做支撑，也可以保护机架下方的任务设备，如云台、相机等，如图 2-25 所示。

2.3.5 云台

随着无人机技术的不断升级与进步，云台相机的拍摄功能越来越强大，云台俯仰角度的可控范围在 - 90° ～＋30° ，无人机在空中高速飞行的过程中也能拍摄出清晰的照片与视频御 Mavic 2 专业版无人机的云台如图 2-26 所示。

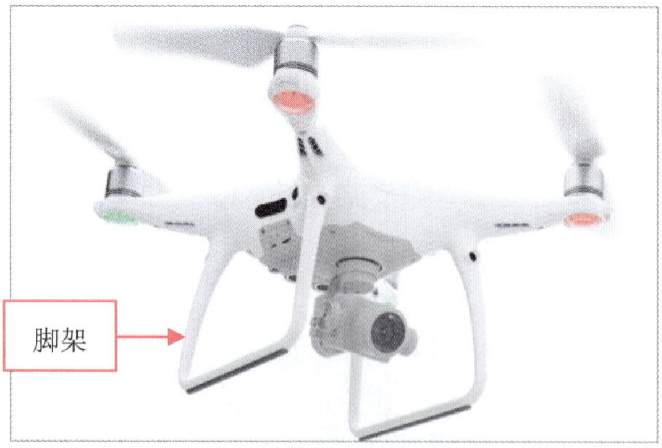

图 2-25 多旋翼无人机的脚架

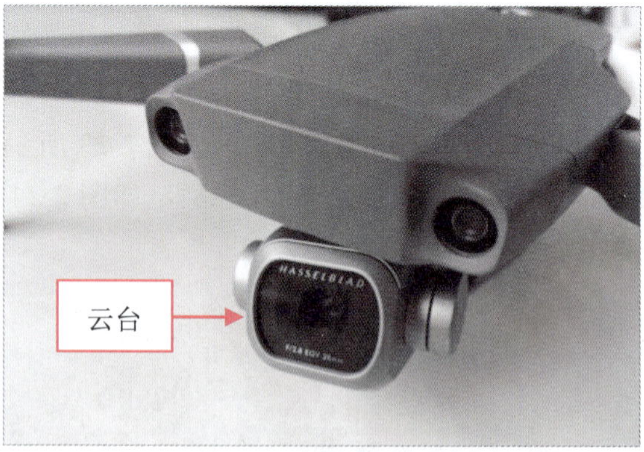

图 2-26 御 Mavic 2 专业版无人机的云台

有两种方法可以调整云台的角度，一种是通过遥控器上的云台俯仰拔轮，调整云台的拍摄角度；另一种是在 DJI GO 4 APP 飞行界面中，长按图传屏幕，此时屏幕中将出现蓝色的光圈，如图 2-27 所示，通过上下左右拖动光圈，也可以调整云台的角度。

图 2-27　屏幕中出现蓝色的光圈

2.3.6　电池

电池是无人机的动力、马达，是专门给无人机供电的，如果电量不足，无人机就无法飞行，所以要学会正确地使用与保养电池，让它能经久耐用。一般情况下，购买无人机时，机器本身会自带一块电池，而一块御 Mavic 2 专业版的电池只能飞行 30 min 左右，是远远不能满足拍摄需求的，所以建议用户再购买两块电池备用。图 2-28 为御 Mavic 2 专业版的电池。

图 2-28　御 Mavic 2 专业版的电池

2.4　其他飞行平台

除了以上介绍的无人机类型外，还有一些其他的飞行平台，如旋翼机、扑翼机以及倾转旋翼机等，具体内容如下。

2.4.1 无人旋翼机

无人旋翼机和无人直升机的外观很像，但它们的旋翼系统完全不一样，旋翼机实际上是一种介于直升机和飞机之间的飞行器，旋翼机的旋翼没有动力驱动装置，它在飞行的过程中主要依靠前方气流吹动旋翼旋转而产生升力。图 2-29 为穿云鹰无人旋翼机。

图 2-29　穿云鹰无人旋翼机

2.4.2 无人扑翼机

无人扑翼机是指机翼能像鸟或昆虫那样上下扑动翅膀的重于空气的飞行器，又称为振翼机。这种飞行器的外形结构与所模仿的对象很接近，它的机翼不仅能产生升力，还能产生向前的推动力，如图 2-30 所示。

图 2-30　无人扑翼机

2.4.3 无人倾转旋翼机

无人倾转旋翼机是一种将固定翼无人机和无人直升机特点融为一体的新型飞行器，这种机型的整体结构和固定翼无人机类似，最大的区别在于无人倾转旋翼机有一套倾转旋翼系统，安装在机翼的两侧，能实现无人机的垂直起降、悬停、低速空中盘旋以及快速飞行等空中运动，其特点是航程远、航速高，拥有超强的作战能力、作战速度和作战方式，如图 2-31 所示。

图 2-31　无人倾转旋翼机

本章小结

本章主要介绍了常见无人机的基本构造，首先介绍了固定翼无人机的构造，主要包括机身、机翼、尾翼及起落架等；其次介绍了无人直升机的构造，主要包括旋翼、尾桨及起落架；再次介绍了多旋翼无人机的构造，主要包括机身、机臂、螺旋桨、脚架、云台及电池等；最后介绍了其他三款的飞行平台，如无人旋翼机、无人扑翼机及无人倾转旋翼机等。通过对本章的学习，希望读者对无人机的基本构造有一个很好地掌握。

习题 2

1．固定翼无人机的结构由哪几部分组成？各有什么作用？
2．尾桨的作用有哪些？主要有哪些尾桨类型？
3．拆卸螺旋桨应注意哪些事项？

第 3 章　无人机应用领域

【本章导读】

无人机按应用领域可分为警用无人机、军用无人机和民用无人机三大类。无人机不仅可以用来侦探敌方军情，进行空中监测，还可以用来航拍摄影、农业植保，应用范围越来越广。本章主要介绍无人机在警用、军事和民用领域中的应用。

【学习目标】

- 了解无人机在警用领域中的应用。
- 了解无人机在军事领域中的应用。
- 熟悉无人机在民用领域中的应用。

【素质目标】

- 培养学生的创新思维，鼓励学生思考，发掘出无人机在各领域中的优势。
- 引导学生拥抱环境变化、不断开拓创新。

3.1　无人机在警用领域中的应用

无人机在警用领域的应用越来越广，如巡查/监视、消防抢险、环境监测、海洋监测以及刑事追捕等方面。本节主要介绍无人机在警用领域的相关应用。

3.1.1　巡查/监视

使用无人机可以快速巡查或监视地面的情况，其巡查范围广，解决了人工巡查耗费体力、存在盲点等问题，极大地提高了工作效率，同时减轻了工作人员的工作强度。

近年来，巡查/监视无人机在打击违法犯罪中也起到了重要的作用，使用无人机、遥感等科技手段，结合毒品原植物生长的规律和特点，在其生长、开花、收获等关键节点加强巡查/监测，实现全面踏查、精确发现。

图 3-1 为使用无人机进行日常巡查任务，对城市的安全进行监视。

3.1.2　消防抢险

随着无人机技术的成熟，无人机在抗击各类灾害过程中发挥着重要的作用，特别是消防部门，消防无人机可以更好地完成各类灭火、救援和抢险任务，如图 3-2 所示。消防无人机经常被应用到消防侦察、消防巡检、应急救援以及高层灭火中，能够提供精准的灾情变化情况，进行实时监控追踪，最大限度地减少灾害损失。

图 3-1　巡查/监视无人机

图 3-2　消防无人机

3.1.3　环境监测

使用无人机进行环境监测是指在机身搭载气体监测设备与热成像镜头，高效扫描大片区域，以高精度的测向功能进行快速定位，快速查找到环境中的污染源，自动报警并上报信息库，帮助人们更好地保护自然环境。图 3-3 为无人机在空中进行环境监测。

3.1.4　海洋监测

近年来，海洋自然灾害事故时有发生，如风暴潮、赤潮等，严重影响了沿海地区居民的正常生活。因此，需要对海洋进行全天高精度监测，而无人机因其飞行速度快，监测面积广，还能实时监测海上突发情况，因此广泛应用于海洋监测领域，如图 3-4 所示。

图 3-3　无人机在空中进行环境监测

图 3-4　无人机应用于海洋监测

3.1.5　刑事追捕

无人机用于刑事追捕的成功案件在我国和国外都有发生，例如，我国会泽警方在四川会东县噶吉镇利用无人机进行高空侦查、监控，帮助警方抓获了潜逃 24 年的罪犯。又例如，美国有一名罪犯从桑达斯基县监狱越狱，警官启用了一架 Inspire 1 无人机，对逃犯可能隐藏的树林进行搜索，无人机快速定位了逃犯的行踪，使逃犯再度被捕。图 3-5 为警用无人机。

图 3-5　警用无人机

3.2　无人机在军事领域中的应用

军用无人机作为现代空中军事力量的一员，具有无人员伤亡、使用限制少以及隐蔽性好等特点，在军事作战领域占据非常重要的地位。在未来的战争中，高、中、低空等各类军用无人机将分别执行侦察预警、跟踪定位、特种作战、中继通信以及信息对抗等各类战术任务，今后其军事运用范围将越来越广泛。本节主要介绍无人机在军事领域的相关应用。

3.2.1　侦察监视

通过在无人机上安装各种侦察设备，如光电、雷达等各种传感器，实现全天候的侦察、监视工作，侦察效率高，可以实现低速飞行和悬停凝视。在战场上可以进行高速信息扫描，向地面站传送高清的地面作战图片，为军队提供实时的情报支持。美国“扫描鹰”侦察无人机如图 3-6 所示，该机体型较小，在执行侦察任务时隐蔽性高。

3.2.2　电子对抗

通过在无人机上安装各种电子干扰设备，破坏敌方的通信系统，可以对敌方的作战飞机、指挥通信系统、地面雷达和各种电子设备实施侦察与干扰，使其完全失效，提高己方的作战能力和效率。图 3-7 为 MQ-9“收割者”无人机，它具备电子攻击能力，应用广泛。

图 3-6　美国“扫描鹰”侦察无人机

图 3-7　MQ-9“收割者”无人机

3.2.3 攻击作战

通过在无人机上携带多种精确攻击武器，如小型和大威力的精确制导武器、激光武器或反辐射导弹，可以对地面和海上目标实施攻击，战术攻击无人机在部分作战领域可以代替导弹，采取自杀式攻击方式对敌方实施一次性攻击，速度快、效率高。

图 3-8 为美国“复仇者”无人机，该无人机可以携带大量的攻击武器，如各种精制炸弹、导弹等。

3.2.4 军事训练

无人靶机主要用来模拟无人飞行器、巡航导弹、战术亚音速飞机等空中进攻兵器，可逼真模拟各种飞行目标，用来测试和训练飞行员、作战员的军事技术以及各种航空武器的性能，无人靶机是一款很好的“练兵”神器。图 3-9 为美国 QF-16 无人靶机。

图 3-8 美国“复仇者”无人机

图 3-9 美国 QF-16 无人靶机

3.2.5 通信中继

在军事作战中，通信系统是战场指挥的重要系统，同时也是双方攻击的重点。通信中继无人机利用空中无遮挡的特点，搭载信息传输设备，通过网络可以建立强大的冗余备份通信链路，提高战场的生存能力。图 3-10 为无人机通信中继示意图。

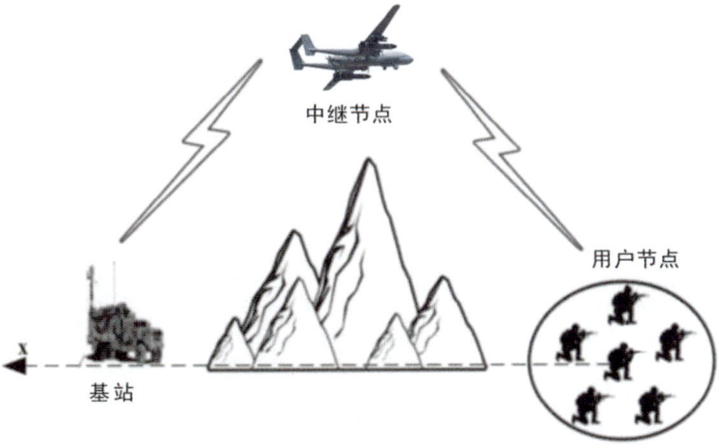

图 3-10 无人机通信中继示意图

3.3 无人机在民用领域中的应用

在民用方面，无人机已经慢慢进入人们的视野，涉及影视拍摄、城市宣传、旅游宣传、物流运输、地理测绘、电力巡检以及农业植保等领域。本节主要介绍无人机在民用领域的应用。

3.3.1 影视拍摄

在很多电影、电视剧中都能看到航拍摄影的画面，如电影开场时的高空俯拍（用于交代故事的环境背景）、古建筑大场景的高空俯拍、城市建筑群的空中俯拍以及高架桥上车流的追踪拍摄等，这些都是比较常见的影视航拍镜头。

图 3-11 为在一座跨江大桥上航拍的一段影视镜头，用于交代人物所在的环境背景以及当天的天气情况。

图 3-12 为航拍的一段高架桥夜景车流效果，记录了城市中车来车往的变化。

图 3-11　在桥上航拍的影视镜头

图 3-12　航拍的夜景车流效果

3.3.2 城市宣传

在很多国家的城市宣传片中，可以看到航拍镜头，这种镜头极具视觉冲击力，能展现该城市的发展和美好。如图 3-13 所示的航拍镜头是长沙文化艺术中心地标建筑。

图 3-13　长沙文化艺术中心地标建筑

3.3.3　旅游宣传

很多景区用无人机来航拍全景视频，让游客更好地了解景区的全貌，展现景区的美好风光，如果能成为著名景点，将会吸引大批游客来旅游。图 3-14 为在蔡伦竹海航拍的一段全景视频效果，很好地展现了景区的风光。

（a）　　（b）

图 3-14　蔡伦竹海全景视频

图 3-15 为航拍湖南省郴州市高椅岭村的地貌视频，主要展现高椅岭的特殊地形，这是一块尚未开发的丹霞地貌，周边有漂亮的水洼点缀，生态自然，美不胜收。

（a）　　（b）

图 3-15　航拍湖南省郴州市高椅岭村的地貌视频

3.3.4　物流运输

无人机快递是指利用无线电遥控设备或自备的程序控制装置操纵无人机运载包裹，自动送达目的地。优点是解决了偏远地区的配送问题，提高了配送效率，同时减少了人力成本。缺点是在恶劣的天气环境下，无人机的送货能力大大降低。

随着生活节奏的不断加快，人们对物流配送的效率要求越来越高，因为无人机不受地理环境的限制，在空中飞行的速度也较快，安全性高，所以被广泛应用于物流运输行业，如图 3-16 所示。例如，谷歌无人机派上用场以后，业务量翻倍，送货时间越来越快。目前，我国的顺丰和京东快递也展开了无人机的布局，逐渐投入使用，但未大范围使用。

▶ 专家指点

虽然我国民用无人机在物流运输领域才刚刚起步，但潜在的需求巨大，相信在不久的将来，无人机的产业将迅速发展，很快形成规模。

图 3-16 无人机被广泛应用于物流运输行业

3.3.5 地理测绘

地理测绘是指以无人机为平台的航空摄影测量技术，利用无线电设备来控制飞行无人机，通过搭载在无人机平台上的任务设备来快速获取信息，然后在计算机上面进行计算，并且能够达到测绘的效果。使用无人机进行地理测绘具有高效快速、精细准确、作业成本低、适用范围广以及机动灵活等特点，如图 3-17 所示。

3.3.6 电力巡检

传统的电力巡检需要工作人员翻山越岭、爬上爬下，不仅工作效率低，而且操作风险高。随着无人机在电力巡检领域的普及和发展，为整个电力巡检工作带来了全新的变革，大大节省了人力成本，只需要远程遥控操纵无人机，即可获得超高分辨率的数字影像和定位数据，可进行多角度拍摄，通过采集的数据搭建实景三维平台，实现智能化和可视化管理，利用无人机巡检可以提升 6～10 倍的巡视效率，如图 3-18 所示。

图 3-17 使用无人机进行地理测绘

图 3-18 使用无人机进行电力巡检

3.3.7 农业植保

通过在无人机上安装高清的数码相机、光谱分析仪以及热红外传感器等装置，可以为农田规划、农作物监测、病虫害防治、农事管理提供高效可靠的解决方案，还可以对水稻、小麦、玉米、柑橘及棉花等农作物进行病虫草害防治作业，如图 3-19 所示。

图 3-19　农用无人机

无人机在农业领域的应用，主要有以下四个方面的优势，如图 3-20 所示。

农作物的监测	无人机可以在空中大范围、大面积的进行监测，保证农作物健康生长，及时发现病虫害、土壤退化等问题
农田的地理测绘	利用无人机进行农田的地理测绘比卫星测绘成本要低很多，而且精准度高，方便、快捷
增加农作物产量	利用无人机可以帮助农户及时收割产品，大大提高了农作物的产量，防止其他动物进入农田进行破坏
节约时间及成本	无人机可以高效、快捷、精准地完成农田作业，大大节省了人工操作的时间，减少了人工成本

图 3-20　无人机在农业领域的优势

农用无人机按动力系统的不同，可分为油动植保无人机和电动植保无人机；按旋翼的不同，可分为单旋翼无人机和多旋翼无人机，如图 3-21 所示。

油动植保无人机	采用汽油混合物作为燃料，优点是载荷大，续航时间长，单架次作业范围大；缺点是没有完全燃烧的废油会喷洒到农作物上，造成污染，而且机器售价高，整体维护较难，发动机磨损大，容易出现故障
电动植保无人机	采用锂电池作为动力电源，优点是环保，不会造成污染，容易操作和维护，售价相比油动植保无人机要低；缺点是载荷小，续航时间短，单架次作业范围小，需要配置发电机为电池充电
单旋翼无人机	优点是抗风能力强，风场稳定，雾化效果好，旋翼产生的向下气流有助于增加雾流对农作物的穿透性，防治效果更好；缺点是售价高，一旦发生炸机事故，无人直升机造成的损失会更大
多旋翼无人机	优点是入门门槛低，售价相对便宜，而且操作难度不大，电机寿命可达上万小时，可远程遥控操作，避免了作业人员暴露于农药危险区；缺点是抗风性弱，下旋风场更弱，风场覆盖范围小

图 3-21　农用无人机的相关分析

附：植保助手 APP 用户手册

一、植保助手使用概述

1．说明

本文档为【植保助手 APP】用户手册，主要介绍【植保助手 APP】各种功能的使用方法。表 3-1 为与本文档对应的产品版本。

表 3-1　与本文档对应的产品版本

产品名称	版本
植保助手 APP	V1.0+
TiA 固件	V2.02+

2．符号说明

通用符号及说明，如表 3-2 所示。

表 3-2　通用符号及说明

符号	意义	说明
	说明	以本标志开始的文本表示有潜在风险，如果忽视这些文本，可能导致设备损坏、数据丢失或其他不可预知的后果
		以本标志开始的文本是正文的附加信息，是对正文的强调和补充

3．植保助手 APP 简介

【植保助手 APP】是面向植保行业的推出手机 APP 软件，为农业植保无人机用户提供了企业级的作业辅助、团队管理和任务管理解决方案；致力于提高用户在管理和使用农业植保无人机时的工作效率，并提供完整、友好、一致化地使用体验。

4．APP 功能

（1）激活绑定

新飞机首次连接时，APP 会提示激活绑定，用户根据页面引导可以进行激活并且绑定到指定账号，在完成激活绑定后才可以解锁起飞进行作业，未激活的飞机无法解锁作业。

（2）地块测绘

APP 支持手持 GPS 打点器测绘、飞机 GPS/RTK 测绘、地图选点、RTK 基站测绘、手机 GPS 测绘等多种地块测绘方式。当用户在团队中时，测绘数据可以在团队内共享。

（3）地块分割

在地块列表选择一个地块后，通过【地块分割】功能可以将一个大地块切割成几块小地块，或者将复杂形状地块分割为几个规整地块进行作业，能够提高植保飞机的作业效率。

（4）航线智能规划

地块测绘完成后，APP 根据地块边界、作业间距等参数规划航线，航线执行的最大速度、作业高度均可自由调节。通过【航线平移】功能，可以将航线向东南西北四方向整体微调，也可通过参照点纠偏功能进行一键纠偏。

（5）全自主作业

航线规划后，可以上传航线到飞机，飞机即可按规划航线自动起飞（需遥控器解锁/APP 滑动解锁）执行喷洒作业任务，无需人为干预。在作业界面可以看到规划航线、飞行/喷洒轨迹、飞机状态，并可一键控制飞机暂停、降落和返航。作业结束后会自动生成作业报告。

（6）*AB* 点作业

通过遥控器控制飞机，分别设置 *A* 点和 *B* 点，选择平移方向后，飞机就可以按照 *AB* 点的平移轨迹进行自主作业。作业结束后会自动生成作业报告。

（7）手动作业

在 GPS 模式下，可以手动控制飞机的飞行和水泵的开关进行作业。作业结束后，点击结束作业按钮可以生成作业报告。

（8）语音播报

APP 可以实时播报作业过程中的飞机状态和警告信息，作业人员无需分神查看手机屏幕，即可实时了解飞机实时状态。

（9）FPV

通过遥控器的 OTG 接口连接 APP，可以将搭载 FPV 模块的视频图像实时呈现在 APP 上。

（10）作业面积统计

根据喷洒系统实时反馈的喷洒总量及精准亩用量，APP 可实时统计作业面积。

（11）数据服务

APP 可以记录用户及所在团队的作业架次数据，可以查看到每个架次数据对应的任务信息，能够对数据进行回放及数据分析。

（12）任务管理

团队队长可以创建任务，指定任务关联的地块及执行任务的团队。团队成员在主界面的任务列表可以查看并调用任务进行作业。任务执行的进展情况可在任务详情中显示。

（13）团队、植保机、地块管理

用户可以通过团队管理功能创建、编辑、解散团队，对团员进行管理，也可以查看团队的作业、任务统计数据。

植保机管理可以对用户名下所有飞机进行加解锁操作，设置密码，清除密码，解除飞机与账户的绑定。

地块管理可以查看所在团队名下所有地块的信息，也可以在地图中查看地块测绘的结果，用户可以删除自己测绘的地块。

（14）消息管理

用户可以接收到厂商发送的系统消息以及任务消息。

（15）禁飞区、电子围栏

系统根据相关法律法规和管理政策要求，设置了禁飞区。飞机无法进入禁飞区，当飞机接近禁飞区时 APP 会有告警提示，当飞机已经在禁飞区内时无法解锁。

用户可以自行设定电子围栏，在设定了电子围栏后，飞机无法飞出电子围栏，接近电子围栏边缘时 APP 会有告警提示，当飞机在电子围栏外时无法解锁。

（16）主动避障

如果飞机安装了避障雷达，在飞行过程中，如果雷达发现障碍物，APP 会在界面显示障碍物距离及相应的警告提示，飞机会自动根据障碍物距离做出减速、刹车动作，避免撞击障碍物。

（17）调参

植保助手 APP 直接提供了简单常用的调参功能，主要涉及到飞行参数设置、安全保护设置、模块设置、飞机校准、灵敏度、黑匣子以及固件升级。

（18）状态

在连上飞机后可以查看飞机的各项状态数据，包括：作业状态、飞行状态、定位状态、电池动力状态以及飞机信息。

（19）我的

【我的】功能主要展示了用户的个人基本信息及作业数据信息，还可以进行实名认证及账号信息修改等操作。

二、用户注册与登录

1．打开植保助手 APP。

2．首次使用 APP 时，需要注册账号。

（1）点击登录界面的【注册】，进入注册页面，如图 3-22 所示。

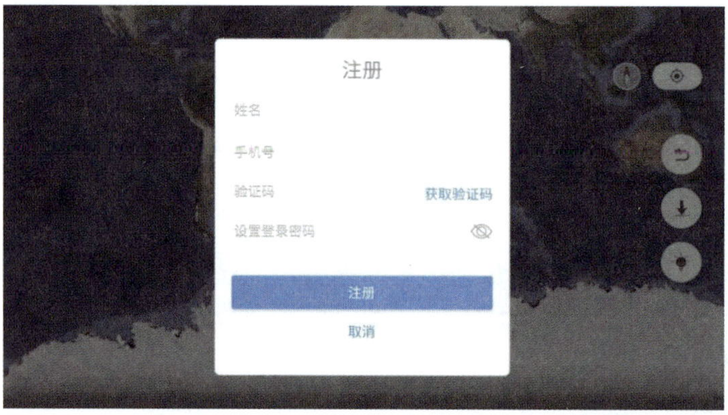

图 3-22　注册页面

（2）设置账号信息，点击【注册】，系统提示注册成功并回到登录页面，如图 3-23 所示。

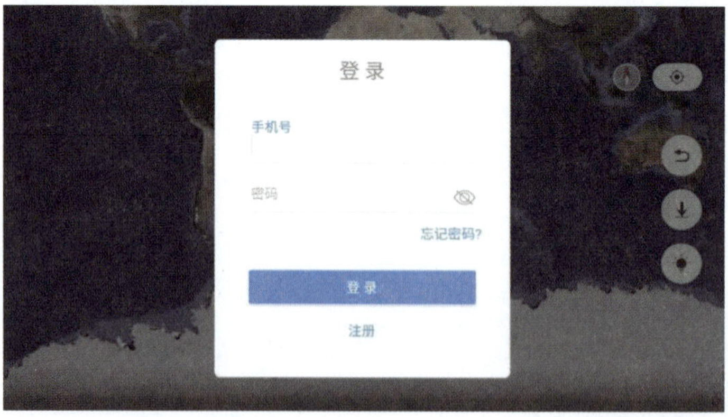

图 3-23　登录页面

3．输入用户名、密码后，点击【登录】，选择当前登录的团队，进入 APP 主界面，如图 3-24 所示。

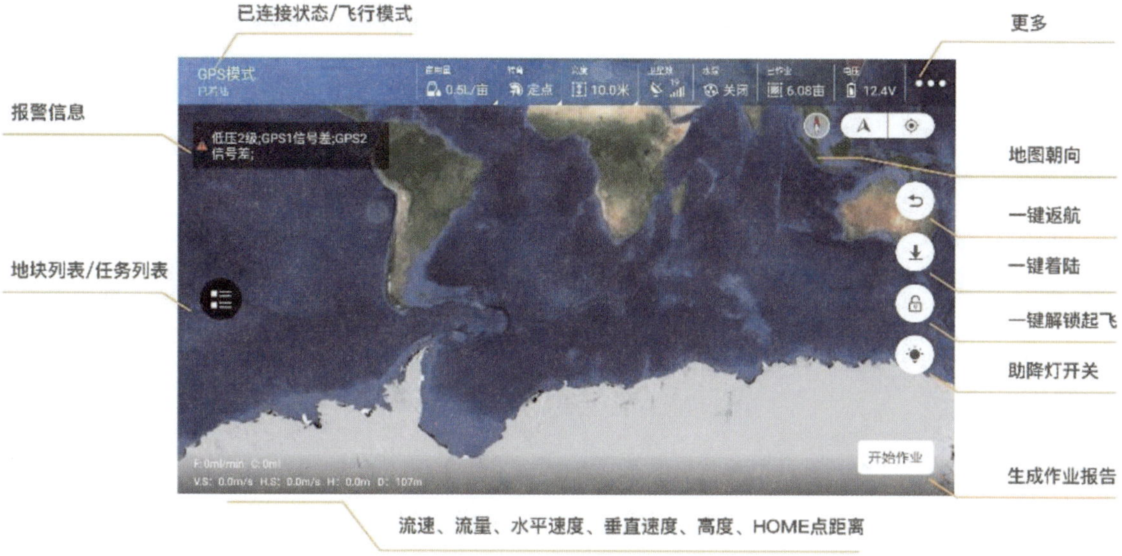

图 3-24　APP 主界面

三、用户角色权限（表 3-3）

表 3-3　用户角色权限

名称	植保队长	植保队员
查看飞行数据	🟢	🟡（查看自己的飞行数据）
编辑删除地块	🟢	🟡（编辑、删除自己创建的地块）
查看飞机列表	🟢	🔴
查看队员列表	🟢	🔴
	🟢有权限	🟡部分权限　🔴无权限

四、主界面功能

1．连接飞机

准备一架新飞机，上电后遥控器校准。打开 APP，点击左上角的【未连接】，在弹出框中选择对应的蓝牙并点击进行连接，如图 3-25 所示。

图 3-25　选择对应的蓝牙并点击进行连接

如果将要连接的遥控器蓝牙之前未与将要使用手机连接过，则需要在手机蓝牙先进行配对。配对方法如下：

（1）在手机蓝牙搜索可用设备，看到样式的尾号与遥控器蓝牙尾号一样的，点击配对，输入 1234 进行配对；

（2）配对成功后就可以在 APP 进行搜索连接

2．激活绑定

（1）新飞机未激活绑定时，APP 连接后就会弹出提示用户进行激活操作，如图 3-26 所示。

图 3-26　激活绑定手机

（2）也可以点击更换，更换登录账号重新激活，如图 3-27 所示。

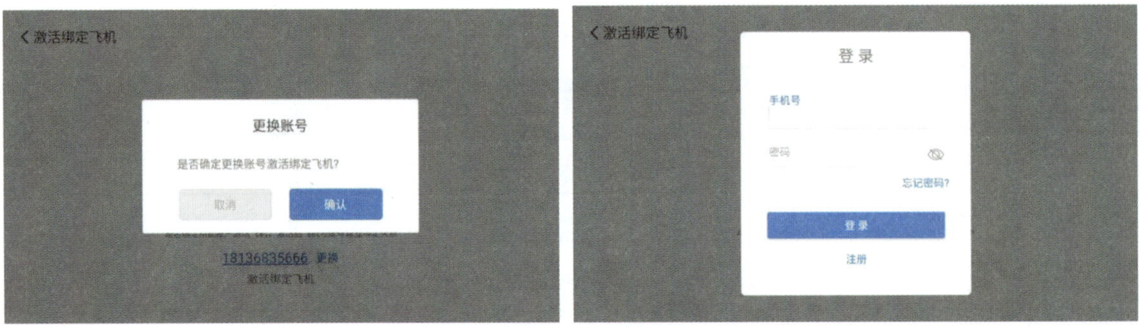

（a）　（b）

图 3-27　换登录账号重新激活

（3）点击【登录】，即可根据引导设置飞机名称，完成激活绑定，如图 3-28 所示。

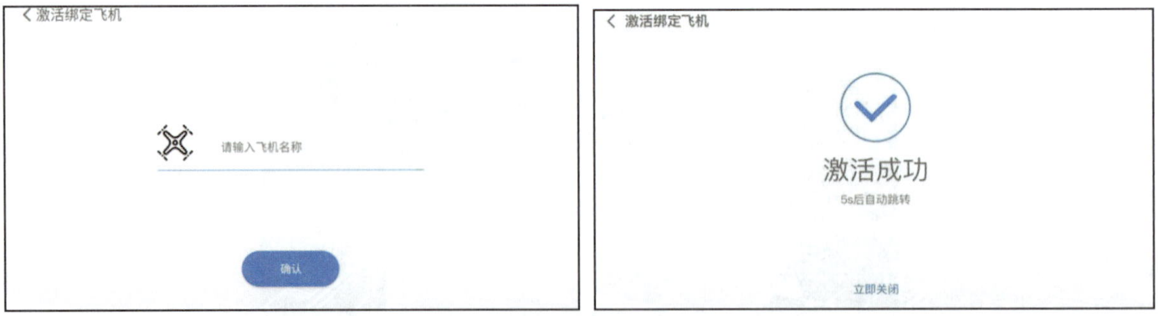

（a）　（b）

图 3-28　完成激活绑定

（4）在界面提示激活成功后跳转到主界面，用户方可正常加解锁飞行，进行任务作业。

3．地块列表

（1）点击【地块列表】按钮，展开地块列表，如图 3-29 所示。

图 3-29　地块列表

（2）点击【按时间排序】，列表会按照时间倒序展示，同时排序按钮变成【按距离排序】，如图 3-30 所示。

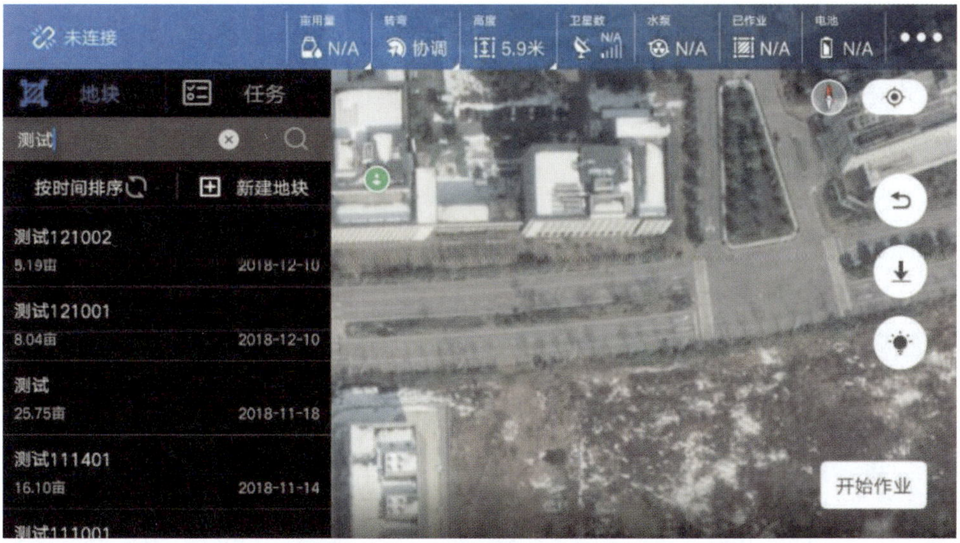

图 3-30　排序

（3）在列表中，默认展示的是地块列表，可以点击切换任务/地块列表。

（4）在地块列表页面，灰色文本输入框内输入地块的关键字，点击，列表会将匹配的地块展示。

（5）点击，清空输入的关键字，并将列表初始化。

4．新建地块

点击【新建地块】按钮，弹出“测绘方式”选择框，如图 3-31 所示。

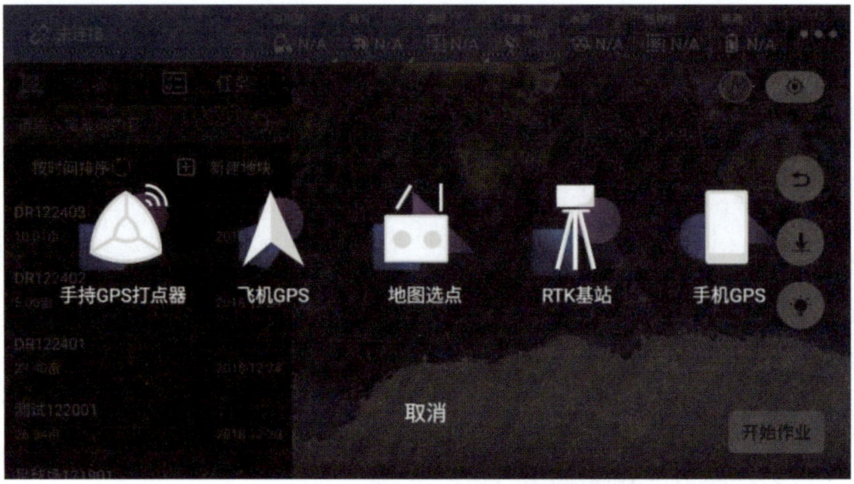

图 3-31 “测绘方式”选择框

现有的测绘方式包括：手持 GPS 打点器测绘，飞机 GPS 测绘，地图选点测绘，RTK 基站测绘，GPS 测绘。

> 其中，手持RTK基站测绘精度最高，理想状态可达到厘米级；手持GPS打点器测绘方便且相对精度较高，可达到米级；地图选点测绘方式快捷但精度不够；飞机GPS测绘需要飞手实地操作；GPS测绘主要依赖手机定位，精度不稳定。用户可以根据自身需求进行选择

（1）打点方式介绍

手持 GPS 打点器测绘。点击【手持 GPS 打点器】按钮，使用手持 GPS 打点器测绘。通过使用内嵌在遥控器上的 GPS 模块所采集的经纬度数据打点，比较接近飞机实际飞行的位置。

（2）打点器连接和使用介绍

打点器包括手机、手持 GPS 打点器。

① 开遥控器，使用手机植保助手 APP 点击左上角的“未连接”，搜索蓝牙，点击连接。连接成功后，APPP 会显示为“遥控器已连接”，同时遥控器会有“滴”的一声，此时说明遥控器手机打点器连接成功。

② 块连接成功后进入手持 GPS 打点器测绘界面，查看当前连接状态及 GPS 的精度。当未连接时，会显示“GPS 连接状态：未连接”；当连接后，会显示 GPS 精度，地图有黑色 GPS 位置标记，当精度在 2.5 m 以内时，卫星显示绿色，并且可以打点，否则显示红色，无法打点，如图 3-32 所示。

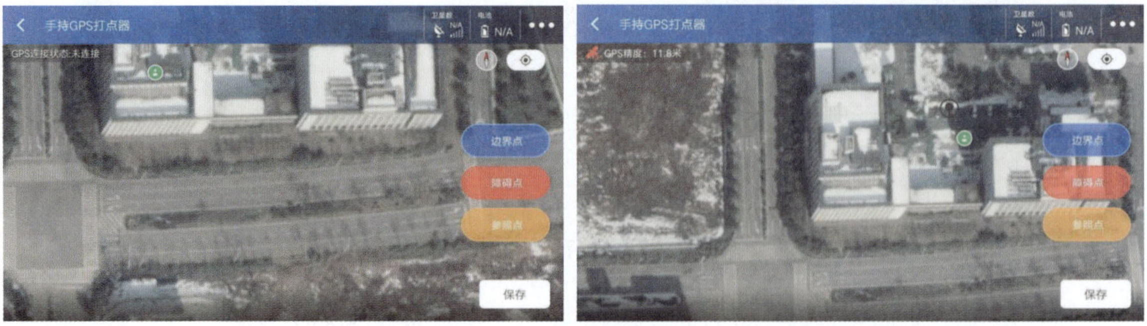

（a）　　　　　　　　（b）

图 3-32 手持 GPS 打点器

5．飞机测绘

点击【飞机 GPS】按钮，选择飞控 GPS 测绘。根据 GPS 定位误差实验原理，此方式所得 GPS 数据，与飞机实际飞行 GPS 数据一致。

注意：建议在 GPS 15 颗星以上，卫星信号质量良好时进行打点作业。

6．地图选点

点击【地图选点】按钮，将直接以地图本身经纬度数据确认地块和障碍物边界。

7．RTK 测绘

点击【RTK 测绘】按钮，使用 RTK 多功能基站进行打点作业。

使用此方法作业，需要打开手机蓝牙，若手机蓝牙已连接其他设备，需要先断开连接。通过蓝牙搜索连接名称为“TopXGun-RTKxxx”的设备（xxx 为三位阿拉伯数字）。连接成功后，APP 会检查 RTK 基站的工作模式，若 RTK 基站处于“基站模式”，则 APP 会弹出 RTK 设置页面，RTK 多功能基站需切换到“打点模式-网络”或“打点模式-基站”才能进行打点作业。

注意：待手机界面显示为“RTK 状态：已连接 GPS 状态：RTK 固定解”时，方可进行打点作业。

	打点模式-网络：将该基站配置为网络 RTK 接收端，使用“千寻位置”CORS 网络服务，进行高精度定位； 打点模式-基站：需要两个RTK基站配合，其中一个RTK基站设为“基站模式”，另一个移动打点的基站设置为“打点模式-基站”模式
	使用“打点模式-网络”前请确认当前地区是否有“千寻位置”CORS 网络覆盖。在测绘过程中，请确保手机网络畅通，测绘过程中手机要随着基站移动，以保证蓝牙通信不中断

8．移动基站指示灯含义（表 3-4）

表 3-4　移动基站指示灯含义

指示灯名称	含义
POW	供电指示灯，常亮表示供电正常
SA	搜星指示灯，常亮表示搜星正常
DIFF	差分指示灯，1 s1 次表示发送或接收差分数据
LINK	蓝牙指示灯，长亮表示已连接蓝牙设备
3G	网络指示灯，长亮表示正在使用千寻网络
REC	存储指示灯

9．RTK 状态及原因（表 3-5）

表 3-5　RTK 状态及原因

RTK 状态	原因
已连接	连接外部蓝牙设备
未连接	未连接外部蓝牙设备

10．GPS 状态及原因（表 3-6）

表 3-6　GPS 状态及原因

GPS 状态	原因
无定位	无千寻定位数据
单点	卫星数据不足
伪距差分	载波数据不足
RTK 固定解	精准定位模式
RTK 浮动解	亚米级定位模式
正在估算	计算时间不足
人工输入模式	需输入固定坐标
仿真模式	用于仿真计算
WAAS	SBAS 定位模式
未知	状态未知

五、测绘流程介绍

因为各种测绘方式工作流程相同，所以数据来源不同。下面以“飞机打点”为例，介绍地块打点作业的流程。

1．填写地块名

在开始测绘作业之前，需填写待测绘的地块名称；也可以点击取消开始打点作业，在保存地块时填写，如图 3-33 所示。

图 3-33　填写地块名

2．测量边界点

连接飞机成功后，将飞机移动到地块拐点，点击【边界点】按钮，记录一个边界点，随后飞至下一个点重复操作。确认一个地块至少需要 3 个边界点，植保助手中一个地块最多支持 64 个边界点，如图 3-34 所示。

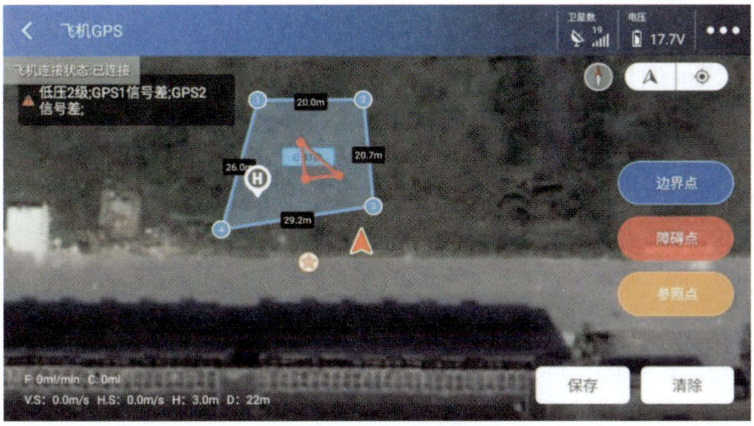

（a）

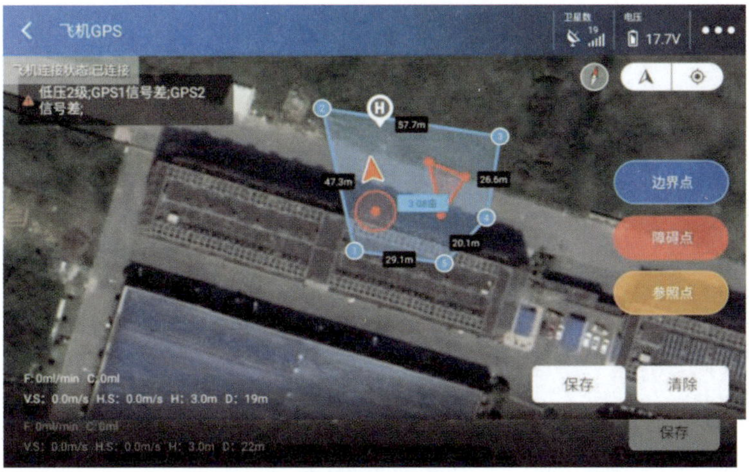

（b）

图 3 34　测量边界点

3．测量障碍点

（1）移动飞机到障碍区域边界，点击【障碍点】按钮，随后根据障碍区域大小和形状选择【多边形障碍点】或【圆形障碍点】，如图 3-35 所示。

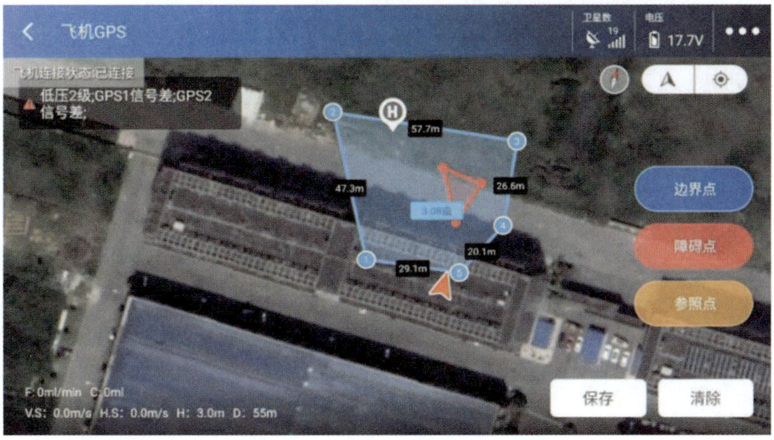

图 3-35　测量障碍点

（2）选择【多边形障碍点】后，障碍点按钮会变为【打点】和【确定】两个按钮 打点 确定 ，点击【打点】，在飞机所在位置记录一个障碍区域的边界点。当有 3 个及 3 个以上障碍点时，点击【确认】按钮，即可记录一个障碍区域。

（3）单个地块最多支持 10 个障碍区域，每个障碍区域最多支持 10 个障碍边界点。障碍区域不能为凹多边形。两个障碍边界点之间的距离最小不能小于 2 m，最大不超过 100 m。选择【圆形障碍点】后，将飞机移动到障碍区域中心位置，再次点击【障碍点】按钮，会以此区域为圆心，画出一个默认半径为 20 m 的正圆形。圆形障碍区域半径最大 50 m 最小 1 m。

4．边界点、障碍点的修改

在测量过程中，点击地图上的边界点、障碍区域边界点 或障碍区域圆心 ，即可弹出设置菜单，可以调整边界点、障碍区域边界点和障碍区域圆心的位置，可以删除选中点（圆形障碍点删除圆心即删除障碍区域），或设置圆形障碍区域的半径。

点击【清除】按钮 清除 ，根据最近打点的状态，可以清除所有的障碍区域或边界点，如图 3-36 所示。

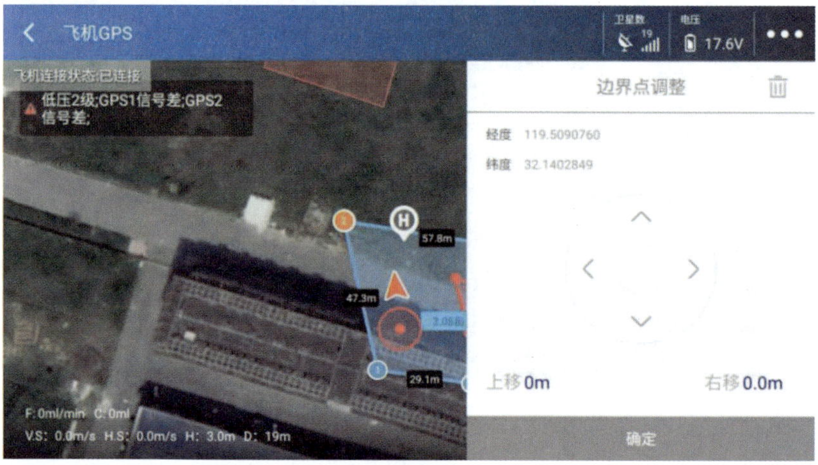

（a）

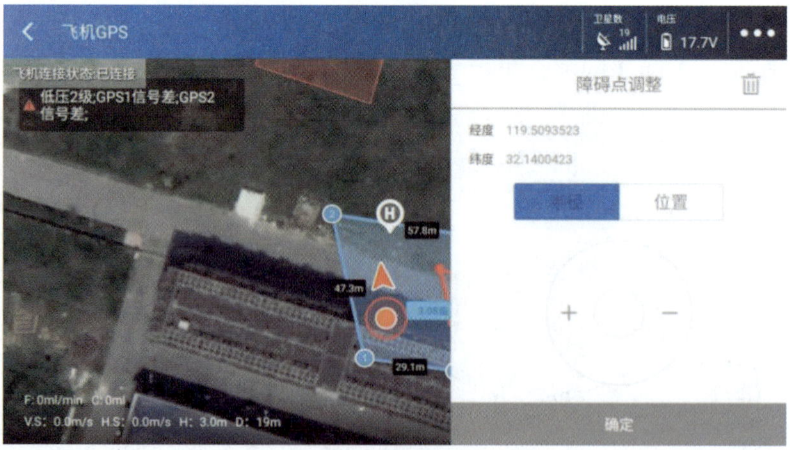

（b）

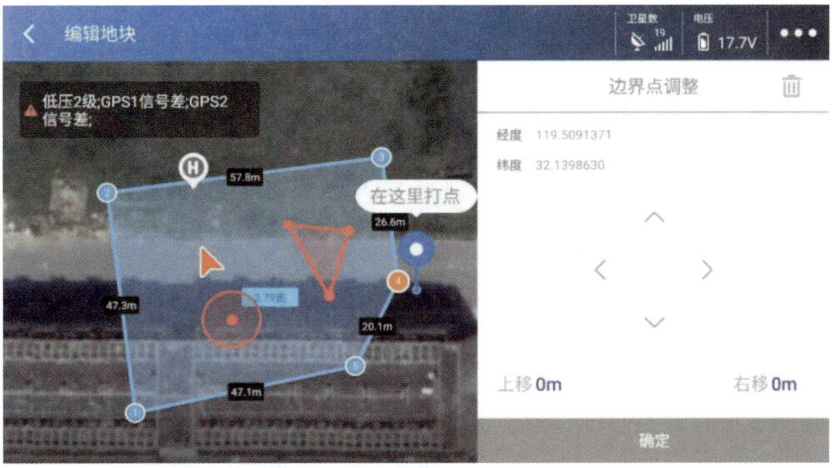

（c）

图 3-36　边界点、障碍点的修改

5．测量参考点

参照点用于纠正因打点器与飞行器、RTK 定位差异所引起的航线偏差。在作业区域附近的开阔位置，选择一个长期固定存在且易于辨识的参照物作为标定点，如地钉或其他明显的标记物，以便在同一地块地块任务时可以迅速准确地纠正偏移，如图 3-37 所示。

图 3-37　测量参考点

在使用手持 GPS 打点器测绘、飞机 GPS 测绘和 RTK 基站测绘时，需要记录一个参照点。将飞机移动至可以作为参照点的标的物上方，点击【参考点】按钮，即可记录一个参考点。

纠正方法如下。

	在测绘完成前，设置参照点，有利于同一地块重复作业时，实时修正 GPS 误差，保证重复作业的航线完全一致

六、地块编辑

（1）在地块列表选中一个地块后，在地图上展示选中的地块。在地图上长按选中的地块，界面会变成地块编辑界面，如图 3-38 所示。

图 3-38　地块编辑界面

（2）在地块编辑界面，按住地块的边界点进行大概的拖拉，移动到大概的位置，再点击边界点，展开平移控件，通过精确平移（单次点击精度为 0.5 m）移动准确位置，如图 3-39 所示。

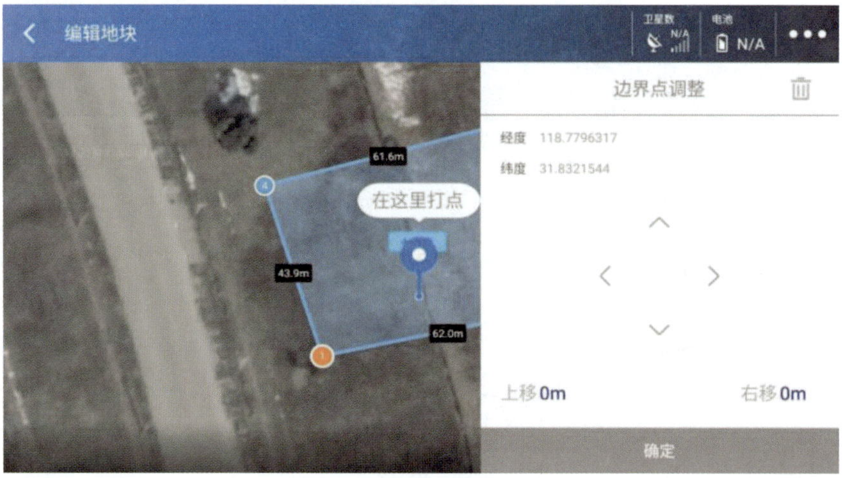

图 3-39　移动准确位置

（3）在编辑界面用户还可以添加/清除边界点和障碍点，具体操作与新建地块一致。在地块编辑完成后可以点击保存，对地块进行覆盖保存或者重新另存，如图 3-40 所示。

	覆盖保存时会将之前地块已经分割的分割线清除，重新另存则需要输入新的地块名及种植类型

（4）点击取消时，则返回编辑界面，不保存。在编辑界面点击左上角的返回，界面会提示“是否保存地块”，点击【不保存】，则不保留对地块的编辑，返回主界面，如图 3-41 所示。

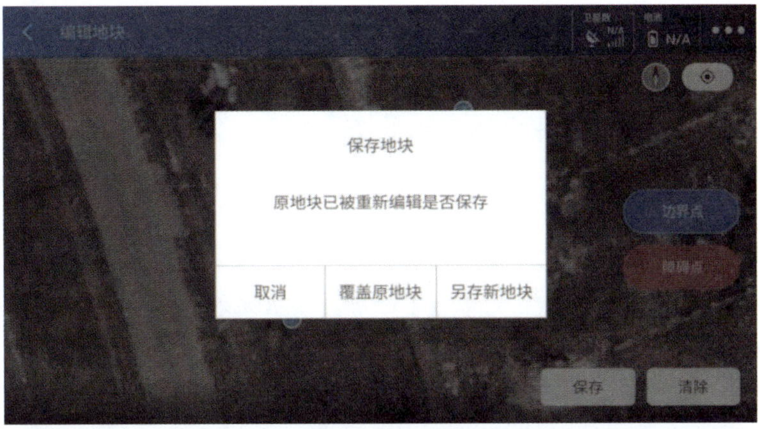

图 3-40　保存地块

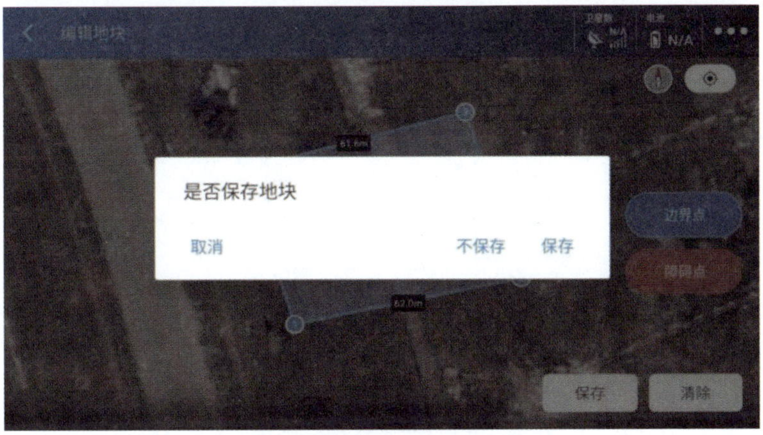

图 3-41　“是否保存地块”窗口

本章小结

本章主要介绍了无人机在警用、军事以及民用领域的应用，主要包括侦察监视、电子对抗、攻击作战、军事训练、通信中继、消防抢险、环境监测、海洋监测、刑事追捕、影视拍摄、城市宣传、农业植保、物流运输以及地理测绘等。通过对本章的学习，希望读者能更好地了解无人机的用途，掌握无人机的特性，熟练地应用无人机的功能。

习题 3

1．无人机在消防抢险中的应用有哪些？

2．无人机在农业植保领域的优势有哪些？

第 4 章　无人机飞行原理

【本章导读】

在无人机飞行之前，需要熟知空气动力学原理，掌握无人机的操稳特性，并了解无人机的垂直、俯仰、偏航以及前后等运动特性，可以帮助读者更好地飞行无人机，减少不必要的损失。

【学习目标】

- 掌握无人机的空气动力学原理。
- 熟悉无人机的操稳特性和运动特性。

【素质目标】

- 通过实践操作，学生能够将理论知识应用于实际飞行控制中，培养学生的实践能力和技术应用能力。
- 培养学生勇于企业实践、注重学以致用，通过交流、合作、对比、总结等方式进行团队协作的综合素质。

4.1　空气动力学原理

空气动力学是力学的一个分支，主要研究飞行器在空气中做相对运动时的受力特性、气体的流动规律以及发生的物理化学变化等。本节主要介绍空气动力学的相关原理。

4.1.1　伯努利原理

1726 年，丹尼尔·伯努利提出了“伯努利原理”，其实质是流体的能量守恒定律，是描述流体在动的过程中流体压强和速度之间关系的流动规律。在流体流动中，它包括动能和势能（压力能）两个部分，因为空气中的密度小，所以一般不考虑其重力势能。

低速运动的空气主要包含以下两种能量，如图 4-1 所示。

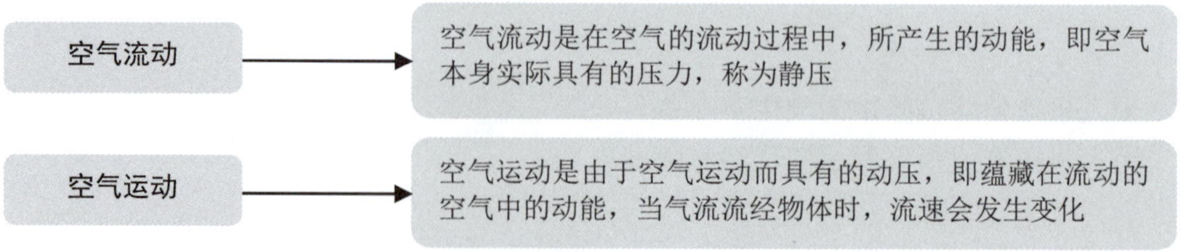

图 4-1　低速运动的空气包含的能量

根据伯努利原理的能量守恒定律，图 4-1 中的两种能量之和应保持不变，当空气在变截面管道中流动时，截面面积大的地方，空气流速慢，动压小，静压大；截面面积小的地方，空气流速快，动压大，静压小，这就是不可压缩流体的伯努利原理，如图 4-2 所示。

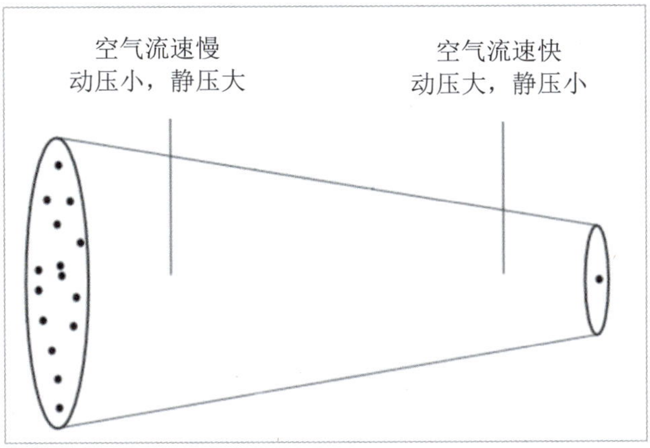

图 4-2　空气在变截面管道中的流动情况

伯努利原理的方程式可以表述为

$$p+\frac{1}{2}\rho v^2+\rho gh=C$$

式中，p 为流体中某点的压强；v 为流体该点的流速；ρ 为流体密度；g 为重力加速度；h 为该点所在高度；C 是一个常量（指单位流体内动能和静能的总和）。

伯努利原理是基于流体密度不变、连续稳定流动并且内部摩擦能量损耗可以忽略不计的前提下提出来的，而对于空气高速流动的情况下，伯努利原理只能用作定性分析。

4.1.2　无人机的升力

无人机主要依靠机翼、尾翼以及螺旋桨等部件产生升力，而翼型是机翼、尾翼、旋翼叶片的剖面形状，如图 4-3 所示，也称为翼剖面或叶剖面，是构成机翼、尾翼、旋翼等部件的重要因素。在空气动力学中，翼型通常理解为二维机翼，即剖面形状不变的无限翼展机翼，翼型的选择对机翼的空气动力性能有着重要的影响。

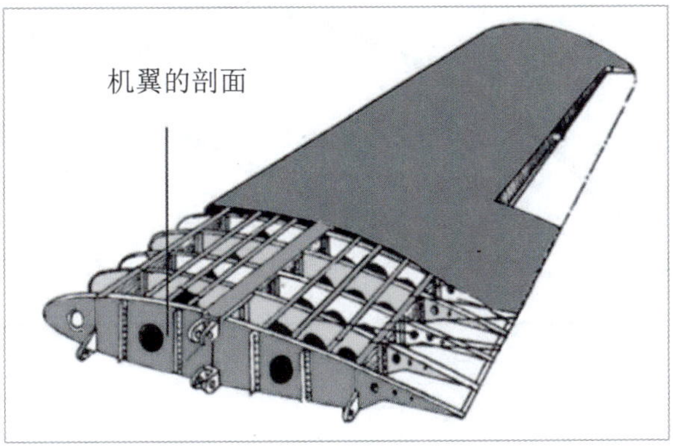

图 4-3　机翼的剖面形状

如果想在翼型上产生空气动力，就必须使之与空气产生相对运动。当机翼和气流发生相对运动时，气流从机翼前缘开始发生上下分离。通过伯努利原理可知，机翼上表面的气流流速快、动压大、静压小；机翼下表面的气流流速慢、动压小、静压大，此时机翼上下表面形成的这个压力差就是机翼产生的升力。图 4-4 为翼型和作用在翼型上的空气动力。

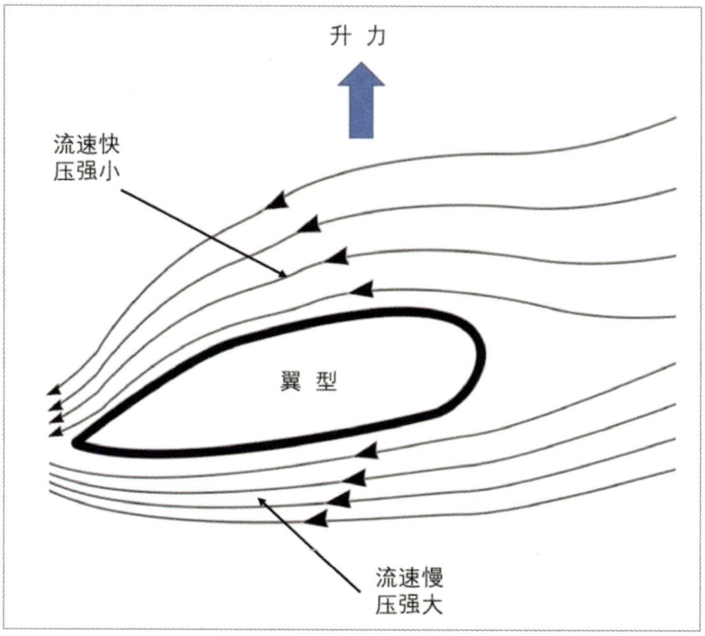

图 4-4　翼型和作用在翼型上的空气动力

▶ 专家指点

机翼的面积、相对速度、空气密度、机翼形状和飞行姿态等，都会对无人机升力的大小产生一定的影响。

翼弦和气流方向的夹角称为迎角，如图 4-5 所示。在一定的迎角范围内，随着迎角的增大，升力或升力系数会随之增大。当迎角增大到一定的值，气流就会从机翼的最高点后面开始分离，在翼面的后半部产生旋涡，造成升力突然下降，此时阻力迅速增大。

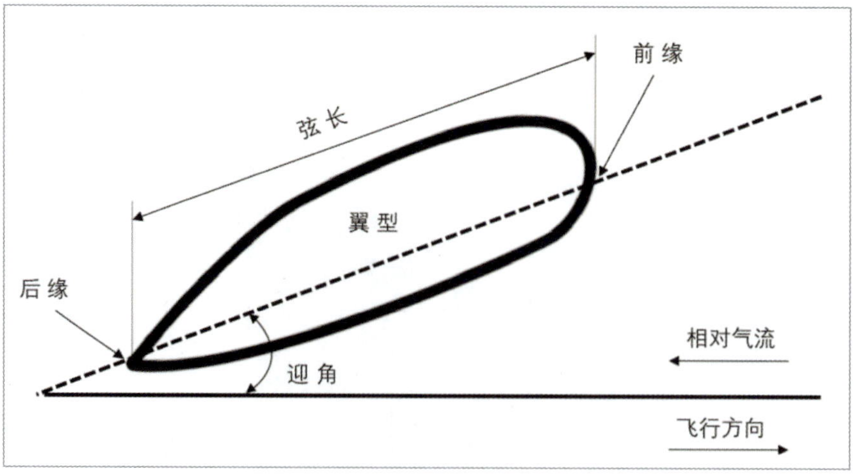

图 4-5　迎角

4.1.3　无人机的阻力

无人机的机翼、尾翼以及旋翼等部件不仅会产生升力，也会产生各种阻力，了解阻力的产生原因，可以提高飞行的效率。按阻力产生的原因，可分为四种阻力类型，即摩擦阻力、压差阻力、诱导阻力和干扰阻力，如图 4-6 所示。

摩擦阻力 → 摩擦阻力是由空气的黏性造成的，由飞机表面积、表面平滑度以及空气的黏性来决定摩擦阻力的大小。飞机表面积越小、表面越平滑、空气黏性越小则摩擦阻力也越小，反之亦然

压差阻力 → 由机翼前缘和后缘部位的压力差所形成的阻力称为压差阻力，虽然这种阻力的产生取决于物体的形状，但其根本原理还是由于空气的黏性。迎风面积越小，压差阻力越小，反之亦然

诱导阻力 → 飞行无人机时，机翼的下表面压强大，上表面压强小，气流从机翼下表面绕过翼尖翻到上表面，从而产生一种涡流区，涡流会产生阻力，这种诱导出来的阻力称为诱导阻力。无人机的升力越小，诱导阻力越小，反之亦然

干扰阻力 → 这是无人机各部件之间由于气流的相互干扰而产生的一种额外阻力，与各部件之间的相对位置有关，可以在部件之间加装流线型整流蒙皮，使连接处圆滑过渡，从而减小干扰阻力

图 4-6　无人机的四种阻力

图 4-7 为由翼尖处形成的旋涡所产生的诱导阻力。“翼尖涡流”又称为翼尖涡，无人机在飞行的过程中，左右两翼尖的后方也会出现很强的翼尖旋涡，对周围流场起强烈的速度诱导作用，影响飞行的安全性。

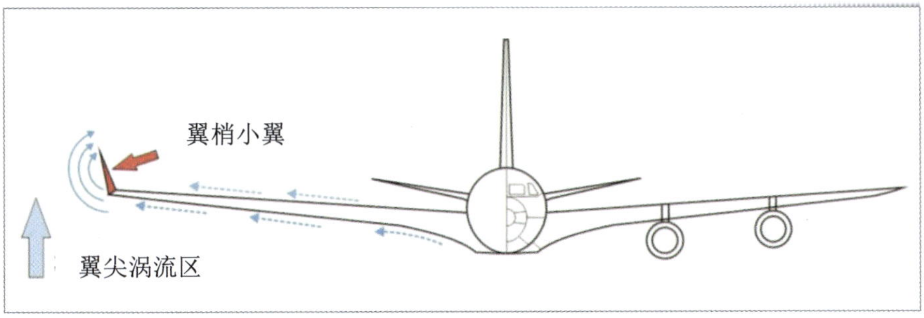

图 4-7　翼尖涡流区

4.1.4　影响升力和阻力的因素

影响无人机升力和阻力的因素有许多，比较有代表性的是迎角、气流的速度、空气密度、机翼面积、机翼表面质量和机翼形状六个因素，如图 4-8 所示。

迎角 → 在飞行速度等相同的条件下，得到最大升力的迎角，称为临界迎角，小于临界迎角的时候，升力增大；超过临界迎角的时候，如果再增大迎角，此时升力反而会减小

- **气流的速度** → 当无人机与空气之间产生相对气流的时候，气流的速度越大，则无人机的升力和阻力也会变大。经多方实验测试证明，当无人机在空中飞行时，升力和阻力与速度的平方是成正比的
- **空气密度** → 无人机飞得越低，空气密度越大，此时升力和阻力也越大；而无人机飞得越高，空气密度越小，此时升力和阻力也越小。这是因为空气流过机翼的速度发生了变化，动压也发生了变化
- **机翼面积** → 机翼面积越大，升力越大；机翼面积越小，升力越小。这是因为机翼相对空气的运动速度而言，速度越快，机翼产生的升力越大；速度越慢，机翼产生的升力则越小
- **机翼表面质量** → 机翼表面的质量决定了升力与阻力的大小，表面越光滑、各部件外形的流线形越好，则摩擦阻力越小；表面越粗糙，摩擦阻力越大
- **机翼形状** → 翼型越厚，升力和阻力越大；翼型越薄，升力和阻力越小。经飞行测试，机翼的相对厚度在5%～12%的翼型，其升力比较大，如果翼型的厚度超过14%，则阻力会增大，升力会减小

图 4-8　影响升力和阻力的因素

4.2　无人机的操稳特性

对于一架安全飞行的无人机来说，它的操稳特性也非常重要，必须具有良好的稳定性和操纵性，才能在空中安全飞行。本节主要介绍无人机操稳特性的相关知识。

4.2.1　无人机的平衡

无人机可以通过坐标系来描述不同的飞行状态，不同的飞行运动模式采用不同的坐标系，主要包括地面坐标轴系、航迹坐标轴系、机体坐标轴系、半机体坐标轴系以及稳定坐标轴系等。按照机体坐标轴系，可以将无人机的平衡分为三个方向，即纵向平衡、横向平衡和方向平衡，在等速直线运动的情况下，表示无人机处于一种非常平衡的状态。图 4-9 为无人机三种平衡状态分析。

- **纵向平衡** → 在纵向平面内，无人机做等速直线飞行，并且不进行任何俯仰运动，表示纵向平衡
- **横向平衡** → 无人机在等速直线飞行中，不进行任何纵轴（滚转）转动，表示横向平衡
- **方向平衡** → 无人机在等速直线飞行中，不进行任何偏航的操作，如左转或右转等，表示方向平衡

图 4-9　无人机三种平衡状态分析

4.2.2　无人机的稳定性

无人机在飞行的过程中，如果遭遇了强大气流或者大风的影响，此时会破坏无人机的平衡性，这时就需要无人机的稳定性来使机体不受到外来因素的影响，使自身有能力恢复到原来平衡的状态下。无人机的稳定性主要包括三个方面，即纵向稳定性、横向稳定性以及方向稳定性，如图 4-10 所示。

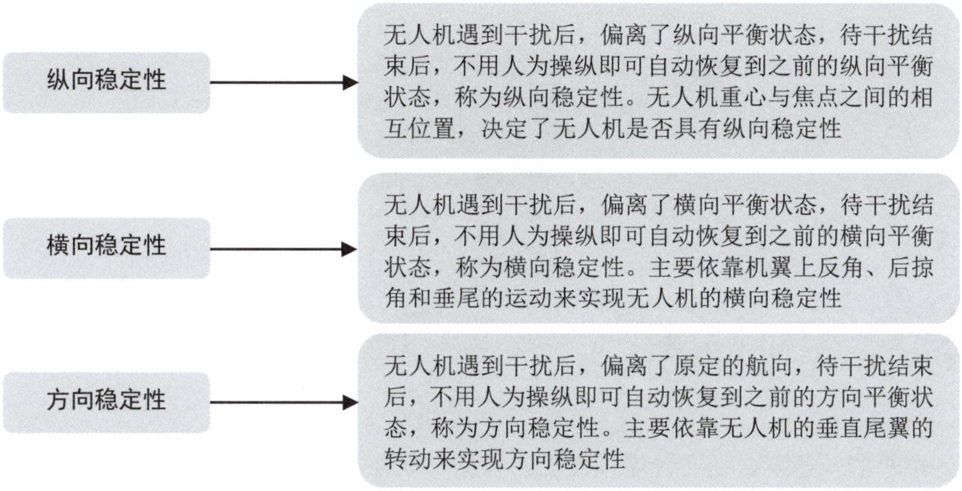

图 4-10　无人机的三种稳定性

4.2.3　无人机的操纵性

无人机的操纵性是指人为地操纵无人机的相关舵面，使无人机对飞控系统的操纵做出反应、改变飞行状态的特性。操纵性与稳定性是相互对立的，无人机的稳定性越好，则操纵性就越差，越难改变无人机的飞行状态，此时操纵无人机需要的力矩就越大。相反，无人机的稳定性越不好，则操纵它就变得更加容易，所以需要处理好操纵性与稳定性之间的关系。

无人机的操纵性主要包括三个方面，即纵向操纵性、横向操纵性和方向操纵性，如图 4-11 所示。

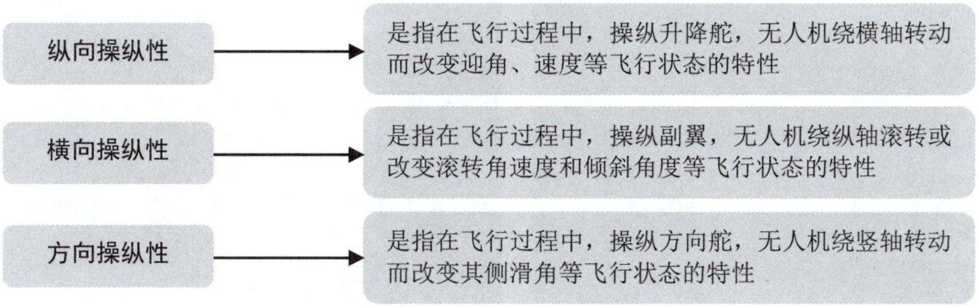

图 4-11　无人机的操纵性

4.3 无人机的运动特性

在多旋翼无人机中，主要是通过调节各电机转速来改变螺旋桨转速，实现无人机在空中升力的变化，从而更好地控制无人机的飞行姿态。本节以常见的大疆品牌的四旋翼无人机为例进行介绍，旋翼对称分布在机体的前、后、左、右四个方向，四个旋翼的结构和半径相同，它们处于同一高度的平面上，如图 4-12 所示。

图 4-12 多旋翼无人机的四个旋翼

无人机各电机的转速主要是通过遥控器上的操纵杆来控制的，以大疆御 Mavic 2 专业版无人机为例，这款无人机的遥控器采用 OCUSYNCTM2.0 高清的图传技术，操纵距离最大可在 8 km 以内，通过手机屏幕可以高清显示拍摄的画面。

遥控器的操纵杆又称为摇杆，操纵方式有两种，一种是“美国手”，另一种是“日本手”。遥控器出厂的时候，默认的操纵方式是“美国手”。

“美国手”就是左摇杆控制飞行器的上升/下降、左转/右转操作，右摇杆控制飞行器的前进/后退、向左/向右的飞行方向，如图 4-13 所示。

“日本手”就是左摇杆控制飞行器的前进/后退、左转/右转，右摇杆控制飞行器的上升/下降、向左/向右飞行，如图 4-14 所示。

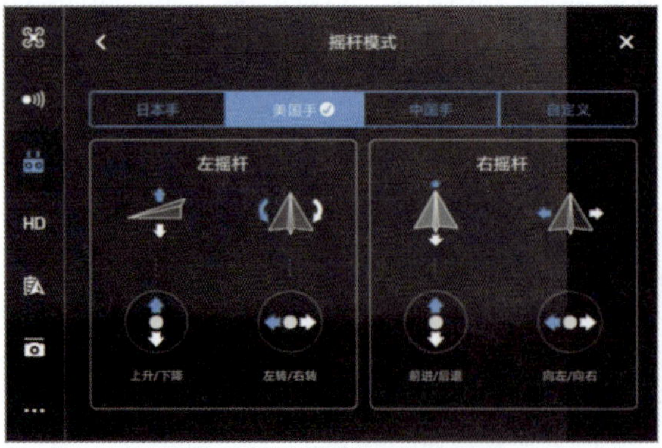

图 4-13 “美国手”的操纵方式

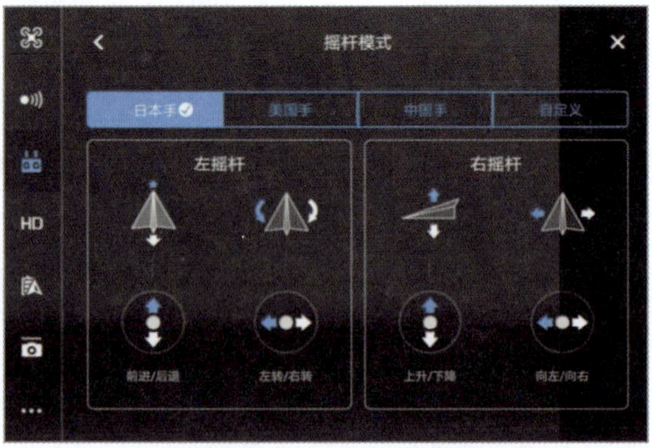

图 4-14 “日本手”的操纵方式

下面以“美国手”为例，介绍遥控器的具体操纵方式，这是学习无人机飞行的基础和重点，能不能安全飞好无人机，关键在于对摇杆的熟练度，希望读者熟练掌握。

1．左摇杆的具体操纵方式

- 左摇杆向上推杆，表示飞行器上升。
- 左摇杆向下推杆，表示飞行器下降。
- 左摇杆向左推杆，表示飞行器逆时针旋转。
- 左摇杆向右推杆，表示飞行器顺时针旋转。
- 左摇杆位于中间位置时，飞行器的高度、旋转角度均保持不变。
- 飞行器起飞时，应该将左摇杆缓慢地往上推杆，让飞行器缓慢上升，慢慢离开地面，这样飞行才安全。如果用户猛地将左摇杆往上推，那么飞行器会急速上冲，油门摇杆加油过量，如果顶部有障碍物，一不小心会引起炸机的风险。

2．右摇杆的具体操纵方式

- 右摇杆向上推杆，表示飞行器向前飞行。
- 右摇杆向下推杆，表示飞行器向后飞行。
- 右摇杆向左推杆，表示飞行器向左飞行。
- 右摇杆向右推杆，表示飞行器向右飞行。
- 向上、向下、向左、向右推杆的过程中，推杆的幅度越大，飞行的速度越快。

4.3.1　垂直运动

在飞行无人机的过程中，如果希望无人机进行垂直运动，如上升或下降，此时只需要增加四个电机的输出功率，使得拉力增大。当总拉力大于整机的重力时，无人机将垂直上升；当总拉力小于整机的重力时，无人机将垂直下降。在摇杆的操作中，只需要将左摇杆向上或向下推杆，即可进行上升或下降运动。

在御 Mavic 2 专业版无人机的遥控器上，将左遥杆缓慢向上推，如图 4-15 所示，无人机即可垂直上升；将左遥杆缓慢向下推，如图 4-16 所示，无人机即可垂直下降。

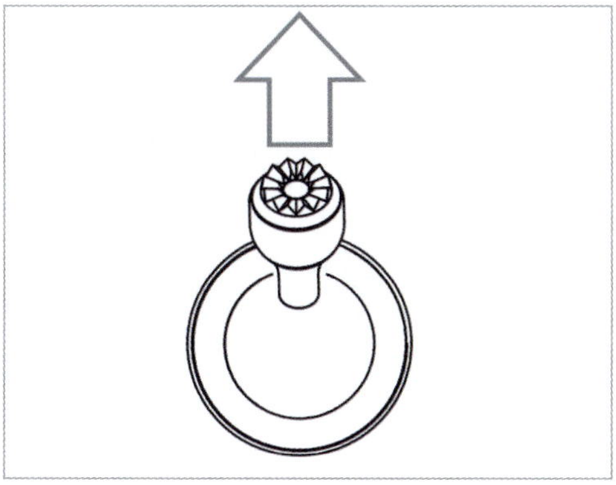

图 4-15　将左遥杆缓慢向上推

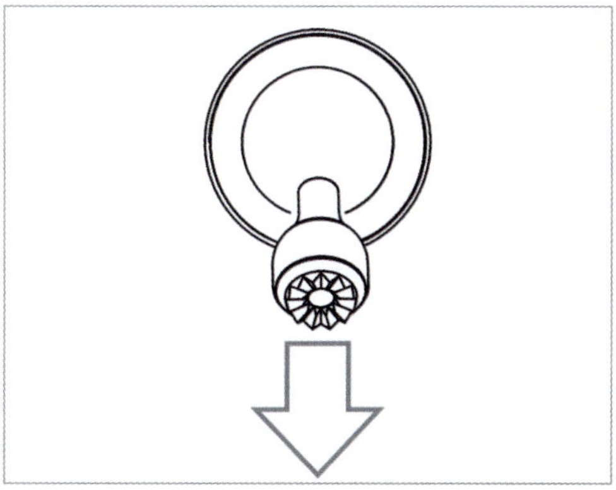

图 4-16　将左遥杆缓慢向下推

▶ 专家指点

当无人机降落至地面后，用户可以通过两种方法停止电机的运转，一种是将左遥杆推到最低的位置，并保持 3 s 后，电机停止；第二种方法是执行掰杆动作，将两个操作杆同时往内遥杆，或者同时往外遥杆，即可停止电机。

图 4-17 为无人机垂直向上运动的镜头效果。

图 4-17　无人机垂直向上运动的镜头效果

4.3.2　俯仰运动

俯仰运动是指无人机的镜头向上抬升或者向下俯视，达到一种俯仰的运动效果。图 4-18 为大疆悟 Inspire 2 无人机的云台。云台是非常脆弱的设备，所以在操控云台的过程中，需要注意，开启无人机的电源后，请勿再碰撞云台，以免云台受损，导致云台性能下降。

图 4-18　大疆悟 Inspire 2 无人机的云台

图 4-19 为一段慢慢抬起镜头拍摄的城市风光视频片段，就是将无人机的云台慢慢向上抬起的运动效果。

图 4-19　慢慢抬起镜头拍摄的城市风光视频片段

图 4-20 为一段慢慢俯视镜头拍摄的城市风光视频片段，就是将无人机的云台慢慢朝下的运动效果。

图 4-20　慢慢俯视镜头拍摄的城市风光视频片段

4.3.3　偏航运动

偏航运动是指无人机飞行离开当前行驶的方向，通过旋翼转动产生的反扭矩实现左转或右转操作。一般情况下，两个电机正转、两个电机反转，当四个电机转速相同时，产生的反扭矩相互平衡，当四个电机转速不完全相同时，不平衡的反扭矩会使四旋翼无人机进行偏航运动，根据各旋翼转速的不同，旋转方向会发生变化。

图 4-21 为无人机偏航状态下拍摄的镜头效果。

图 4-21　无人机偏航状态下拍摄的镜头效果

4.3.4　前后运动

无人机在飞行的过程中，当水平面内受到力的作用时，会产生水平面的前进或后退运动。在御 Mavic 2 专业版无人机的遥控器上，将右遥杆缓慢向上推，无人机即可向前飞行；将右遥杆缓慢向下推，无人机即可向后倒退。

图 4-22 为无人机向前飞行状态下拍摄的镜头效果。

图 4-22　无人机向前飞行状态下拍摄的镜头效果

本章小结

本章主要讲述了无人机飞行原理。章首先介绍了空气动力学的原理，如伯努利原理、无人机的升力和阻力、影响升力和阻力的因素等；其次介绍了无人机的操稳特性，如无人机的平衡、稳定性及操纵性等；最后介绍了无人机的运动特性，如垂直运动、俯仰运动、偏航运动及前后运动等。通过对本章的学习，希望读者更好地理解无人机的飞行原理和特性。

习题 4

1．简述伯努利原理。

2．无人机的升力和阻力受哪些因素的影响？

3．如图 4-23 所示，这段镜头画面是无人机的哪一种运动特性？

图 4-23　镜头画面

第 5 章　无人机动力装置

【本章导读】

动力系统相当于无人机的心脏，属于关键系统，这是保证无人机能正常飞行的动力。无人机的动力系统包括电动动力装置、活塞动力装置、涡轮发动机动力装置、供油系统以及新能源动力装置等，熟练掌握动力系统，可以帮助读者更好地了解无人机的动力装置。

【学习目标】

- 熟悉电动动力装置。
- 掌握活塞发动机的分类。
- 了解涡轮发动机动力装置。
- 掌握供油系统的组成。
- 熟悉新能源动力装置。

【素质目标】

- 培养学生的工程设计能力和创新思维能力。
- 培养学生具有自我管理能力、职业生涯规划的意识，勇于奋斗、乐观向上，有较强的集体意识和团队合作精神。

5.1　电动动力装置

动力系统是指电动机根据控制信号将电池化学能转化为电能再转化为机械能，为无人机提供动力的系统。无人机的电动动力装置主要由电池、电调、电机以及螺旋桨等部分组成，电动动力装置及其连接如图 5-1 所示。

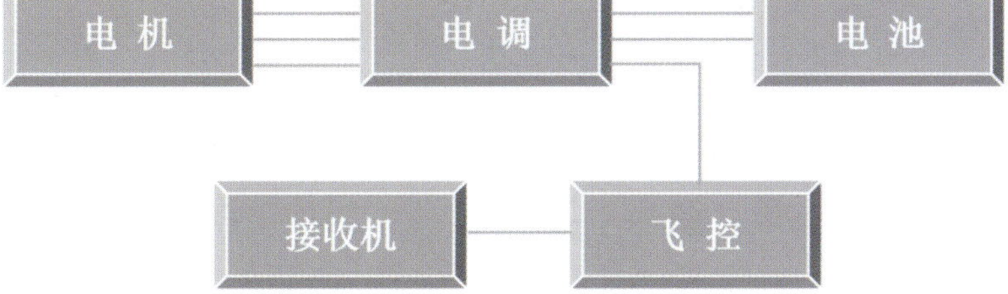

图 5-1　电动动力装置及其连接

电动动力装置各部分的作用如图 5-2 所示。

电池 → 主要作用是为电调和电机提供能量、电量

电调 → 电调的输入线与电池连接，主要用于控制电机的转速

电机 → 主要作用是产生驱动转矩，通过电机旋转带动螺旋桨的旋转

螺旋桨 → 主要作用是通过桨叶的旋转从而产生升力和推力

图 5-2　电动动力装置各部分的作用

电动动力装置与油动动力装置相比，它具有如图 5-3 所示的优势和特点。

电动动力装置的优势和特点：

- 物理结构简单，日常维护方便，总体而言性价比高
- 不受含氧量的影响，可重复充电、放电，环保低碳
- 飞行稳定、安全，而且振动小，噪声小

图 5-3　电动动力装置的优势和特点

5.1.1　电池

电池是一种将化学能转化为电能的装置，一般情况下，无人机中使用的电池需要具备几个条件，如质量小、输出电流高、能量密度大、可靠性高、安全性高以及寿命长。电池主要有镍镉、镍氢、锂离子以及锂聚合物等不同的类型，其中锂聚合物电池的充放电性能更好，具有质量小、容量大及电流大等特点，如图 5-4 所示，被广泛应用于无人机中。

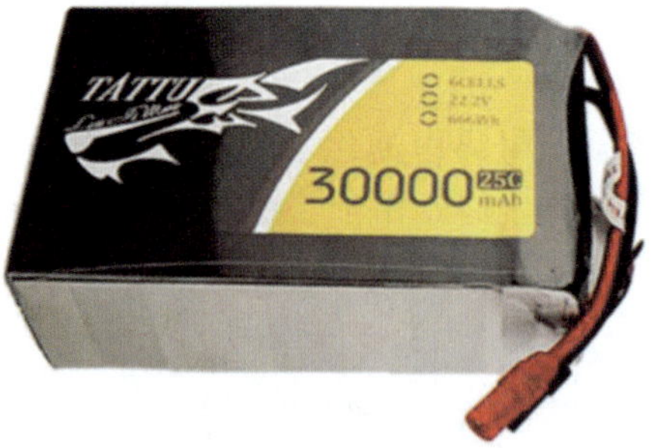

图 5-4　锂聚合物电池

锂聚合物电池的电压单位为伏特（V），符号为 U，如图 5-5 所示。

额定电压 → 是指电气设备长时间正常工作时的标准电压，又称为标称电压，锂聚合物电池的额定电压为 3.7 V

开路电压 → 是指电池无电流通过时正负极之间的电位差，其实质是两极的稳定电位之差

工作电压	是指电气设备正常工作时的电压，锂聚合物电池的工作电压为 3.7～4.2 V，超过这个范围电池会出现鼓包、发热等现象
充电电压	是指外电路电压对电池进行充电时的电压，一般充电电压要大于电池的开路电压

图 5-5 锂聚合物电池的电压

电池容量是指电池储存电量的大小，单位为毫安时（mAh），符号为 C，如图 5-6 所示。

实际容量	是指在一定的条件下，当电池处于放电状态时，在终止电压前电池能够放出的电量
额定容量	是指在生产和设计电池时，规定在一定的放电条件下，电池能够放出的最低电量，又称为标称容量
理论容量	是指活性物质全部参加电池反应所给出的电量，这是根据电池中参加化学反应的物质计算出来的电量

图 5-6 锂聚合物的电池容量

▶ 专家指点

锂聚合物电池也有缺点，主要是易燃易爆，所以用户在使用的过程中一定要注意安全，要避免电池充电过量或者短路。对于不需要再使用的锂电池，需要放入专用的防爆箱，以免发生火灾甚至是爆炸。

5.1.2 电调

电调又称为电子调速器（electronic speed control，ESC），主要用来控制电动机的驱动和速度调节。无人机的电调，如图 5-7 所示。

图 5-7 无人机的电调

电调的输入线与电池连接，输出线（有刷两根、无刷三根）与电机连接，信号线与接收机连接，如图 5-8 所示。它可以分为有刷电调和无刷电调，主要作用是通过飞控板给定（pulse width modulation，PWM）信号进行电动机调速。

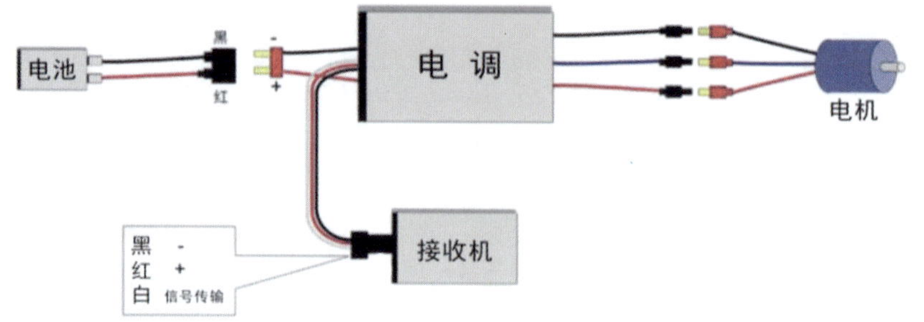

图 5-8　无人机的电调连接示意图

无人机电调的选用原则如图 5-9 所示。

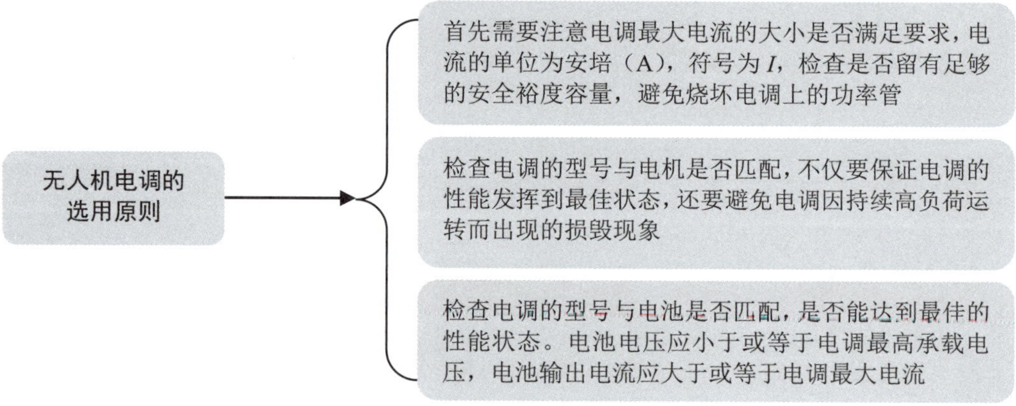

图 5-9　无人机电调的选用原则

5.1.3　电机

电机主要有两种类型，即永磁式直流有刷电机（简称有刷电机）和交流无刷电机（简称无刷电机），下面进行相关介绍。

有刷电机的工作原理为电磁感应定律，电机工作时会产生电火花和摩擦力，过多的摩擦会导致电刷损坏，减少使用寿命，而且噪声较大，会对遥控无线电设备产生干扰，因此在无人机领域已经较少使用。有刷电机，如图 5-10 所示。无刷电机可以将转子变成被磁化的永磁体，具有功率大、工作效率高、不易发热、使用寿命长等特点，目前被广泛应用于大多数的无人机中，如图 5-11 所示。

图 5-10　有刷电机

图 5-11　无刷电机

无刷电机分为外转子无刷电机和内转子无刷电机，下面进行相关介绍，如图 5-12 所示。

外转子无刷电机 →	采用的旋转部件是外壳，具有扭矩大、转速相对较低的特点，适合直接驱动直径和螺距较大的螺旋桨
内转子无刷电机 →	采用的旋转部件是内芯，具有扭矩较小、转速相对较高的特点，通常搭配减速器使用

图 5-12　无刷电机的两种类型

5.1.4　螺旋桨

螺旋桨是通过旋转而产生推进力的装置，顺时针旋转的为正桨，逆时针旋转的为反桨。多旋翼无人机一般采用定距螺旋桨，而无人直升机一般采用变距螺旋桨。螺旋桨由多种材料制造，比如塑胶螺旋桨、碳纤维螺旋桨、树脂混合螺旋桨以及金属螺旋桨等，它的桨叶在数量上也有区别，可分为二叶桨、三叶桨、四叶桨等。

图 5-13 为二叶桨，大疆御 Mavic 2 专业版就是用的这种二叶桨；图 5-14 为三叶桨，三叶桨可以增大拉力，但效率比二叶桨要低。

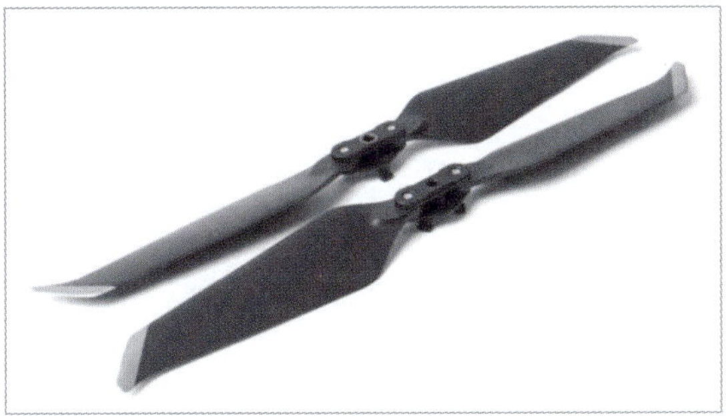

图 5-13　二叶桨

图 5-14　三叶桨

下面针对螺旋桨比较常用的三种材质进行介绍，如图 5-15 所示。

塑胶螺旋桨 →	优点是质量小，杀伤力小，价格低廉，柔性较好，比较耐用；缺点是容易变形，不能耐高温
碳纤维螺旋桨 →	优点是美观，力效高，质量好；缺点是价格昂贵，容易损坏，强度高而导致杀伤力巨大
树脂混合螺旋桨 →	优点是价格适中，柔性适中，动平衡相对碳纤维来说要好一点；缺点是比较中庸，没有特别出色的地方

图 5-15　螺旋桨的三种材质

5.2　活塞动力装置

活塞发动机属于内燃机，通过燃料在气缸中燃烧，将内能转变为机械能，主要依靠汽油、柴油等燃料提供动力，经济性较好，成本较低，因此很多中大型、低速以及长航时无人机都采用这种活塞动力装置。本节主要介绍活塞动力装置的相关知识。

5.2.1 活塞发动机的分类

活塞发动机可按六种不同的类型进行划分，如按气缸数划分、按气缸排列形式划分、按冷却方式划分、按冲程数划分、按运输方式划分、按使用的燃油划分等，如图 5-16 所示。

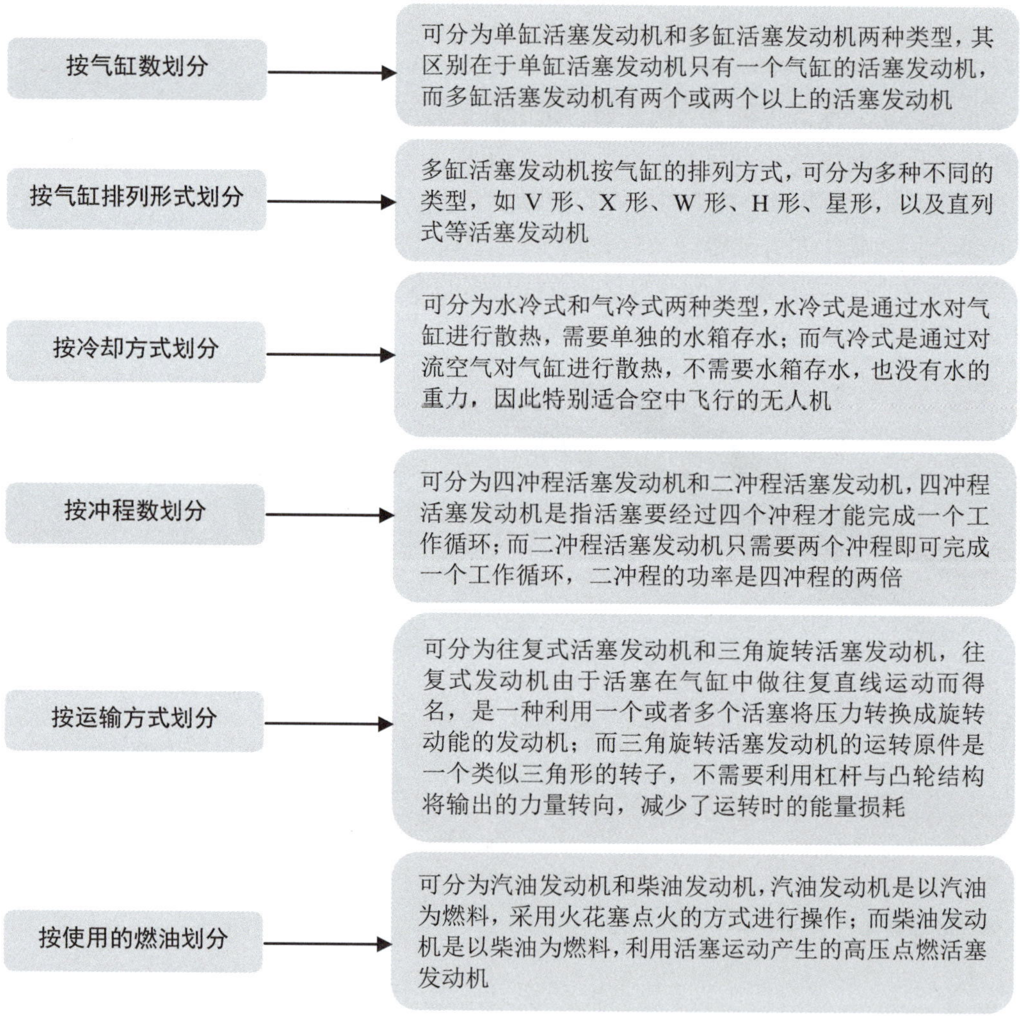

图 5-16 活塞发动机按六种不同的类型进行划分

5.2.2 二冲程活塞发动机

二冲程活塞发动机主要由火花塞、活塞、连杆和曲轴等部件构成，它的优点是结构简单、运动部件少、质量小、转速高、维护性好；缺点是噪声大、污染大、油耗高、寿命短、工作效率低，主要在靶机和小型低速无人机上使用。图 5-17 为二冲程活塞发动机。

图 5-17　二冲程活塞发动机

二冲程活塞发动机的一个工作循环包含两个冲程，第一个冲程是完成压缩和进气工作；第二个冲程是完成燃烧和排气工作，活塞一上一下，一个循环，曲轴只旋转一周。

5.2.3　四冲程活塞发动机

四冲程活塞发动机的一个工作循环包含进气冲程、压缩冲程、做功冲程以及排气冲程，它的优点是排气污染低、振动小、工作效率高；缺点是发动机的结构复杂、成本高、质量大，常用于中大型无人机上使用。图 5-18 为四冲程活塞发动机的一个工作循环。

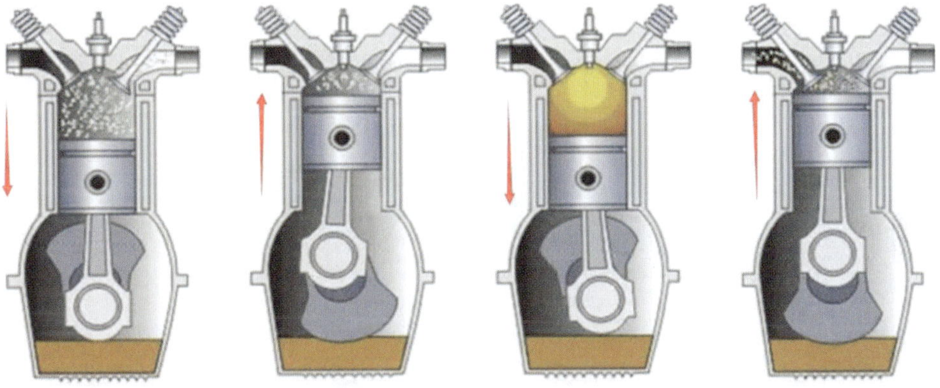

图 5-18　四冲程活塞发动机的一个工作循环

图 5-19 为四冲程活塞发动机。

图 5-19　四冲程活塞发动机

▶ 专家指点

四冲程活塞发动机比二冲程活塞发动机更节能、环保和耐用，根据使用的无人机类型不同，可以选择合适的发动机类型。

5.3 涡轮发动机动力装置

涡轮发动机是一种利用旋转的机件自穿过它的流体中汲取动能的发动机形式，是内燃机的一种，主要依靠装备的喷气式发动机来推动无人机向前飞行，如我国古代发明的火箭。燃气涡轮发动机适合对飞行速度有较高要求的无人机使用，在一定的条件下能产生很大的推力效果。本节主要对涡轮发动机动力装置进行详细介绍。

5.3.1 涡轮喷气发动机

涡轮喷气发动机是指气体从发动机喷出，利用排出的气体作为动力来推动位于排气道内的涡轮，涡轮转动的同时会带动进气道内的叶轮，叶轮压缩由空气滤清器管道送来的新鲜空气，再送入气缸，从而产生强大的推力，使无人机向前运动。涡轮喷气发动机由六大部分构成，包括进气道、压气机、燃烧室、涡轮、涡轮轴和尾喷管等，如图 5-20 所示。

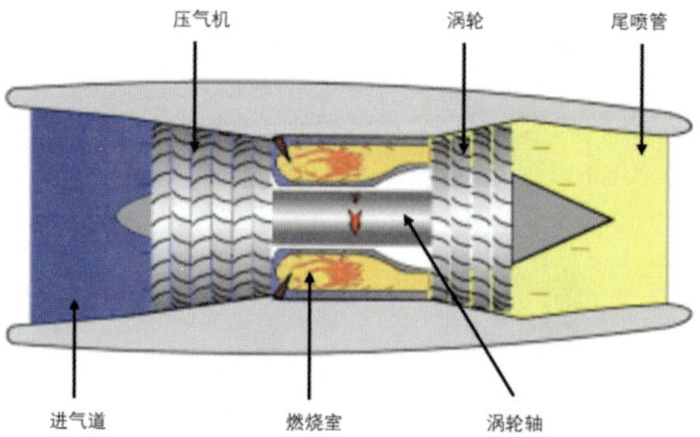

图 5-20 涡轮喷气发动机的构成

涡轮喷气发动机的各组成部分的作用如下。

- **进气道**：主要用来调整进入发动机的气流，提供合适的进气速度、流量和压强。
- **压气机**：主要用来增大气流的压力和温度。
- **燃烧室**：主要用来燃烧气体的场所，与燃油混合形成燃气，并点火燃烧。
- **涡轮**：燃烧后的高温高压气体冲击涡轮，使其高速旋转产生机械能，驱动压气机、风扇等部件的转运。
- **涡轮轴**：将涡轮和压气机转子连在同一根轴上，使涡轮带动压气机转动。
- **尾喷管**：属于排气系统，气压经尾喷管排到机体外。

涡轮喷气发动机的功率大，性能优异，振动小，适合飞行高度较高的中大型无人机使用。涡轮喷气发动机的实物效果，如图 5-21 所示。

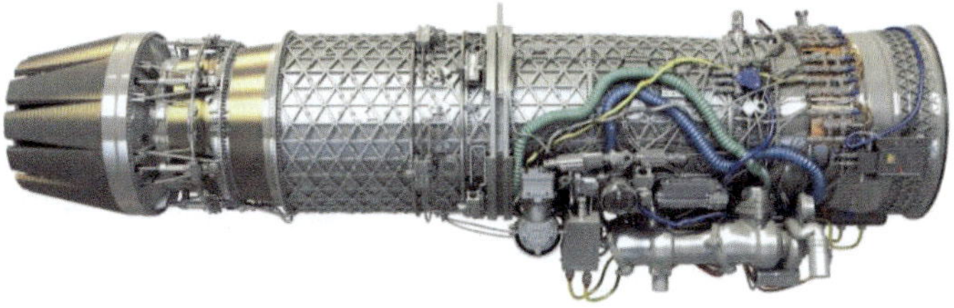

图 5-21　涡轮喷气发动机的实物效果

5.3.2　涡轮风扇发动机

涡轮风扇发动机又称为涡扇发动机，主要由风扇、内涵道、外涵道、压气机、燃烧室以及涡轮等部分组成，而压气机、燃烧室和涡轮是核心机的三大部件，如图 5-22 所示。

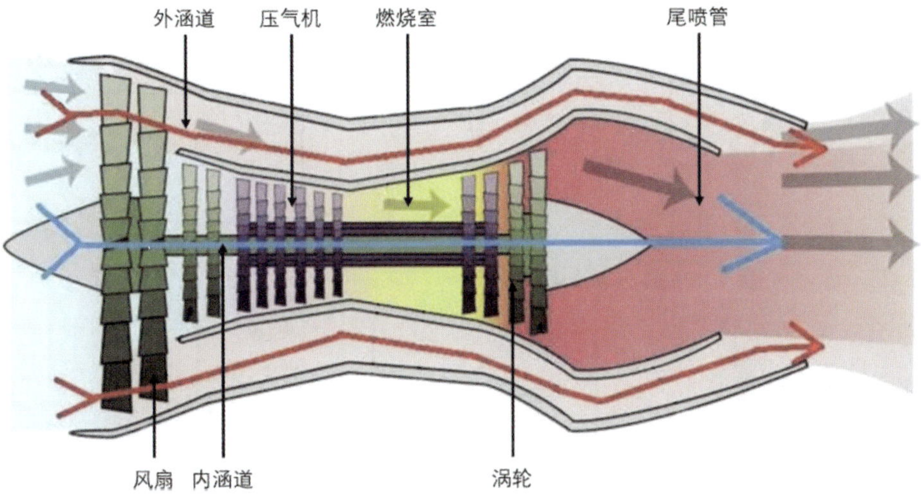

图 5-22　涡轮风扇发动机的组成

涡轮除了带动压气机外，还要带动一个直径较大的风扇，当空气流过风扇后，分成两路：一路是内涵气流，继续经压气机压缩，在燃烧室和燃油混合燃烧，从尾喷管排出；另一路是外涵气流，空气经外涵道直接从尾喷管排出，两道气流共同产生推力，使发动机有更大的推力。涡轮风扇发动机的剖面实物效果，如图 5-23 所示。

图 5-23　涡轮风扇发动机的剖面实物效果

涡轮风扇发动机的优点和缺点，如图 5-24 所示。

涡轮风扇发动机的优点 → 发动机的推力大，推进效率高，噪声低，燃油消耗率低，经济性好，无人机的航程远

涡轮风扇发动机的缺点 → 风扇直径大，迎风面积大，因而阻力会增大，发动机的结构复杂，设计难度大

图 5-24　涡轮风扇发动机的优点和缺点

5.3.3　涡轮螺旋桨发动机

涡轮螺旋桨发动机又称为涡桨发动机，是指将涡轮发动机的动力传输给螺旋桨，以螺旋桨旋转时所产生的力来作为无人机前进的推进力。涡轮螺旋桨发动机主要由桨叶、减速装置、压气机、燃烧室、涡轮和尾喷管等部分组成，如图 5-25 所示。

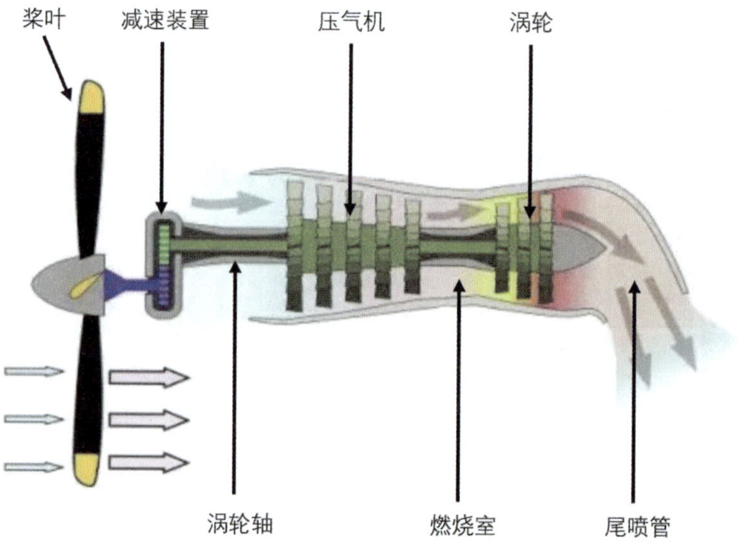

图 5-25　涡轮螺旋桨发动机的组成

一般情况下，为了避免螺旋桨转速过高而超过声速，从而导致螺旋桨效率急剧下降，因此在涡轮与螺旋桨之间还需要加装一个减速装置。图 5-26 为采用了涡轮螺旋桨发动机的无人机效果。

图 5-26　采用了涡轮螺旋桨发动机的无人机效果

涡轮螺旋桨发动机的优点和缺点如图 5-27 所示。

涡轮螺旋桨发动机的优点 → 起降性能好，稳定性好，安全性高，震动小，经济性好，油耗低，使无人机拥有更长的航时

涡轮螺旋桨发动机的缺点 → 受螺旋桨效率的影响，飞行速度不高，一般只用于飞行速度为 0.5～0.7 马赫数的无人机

图 5-27　涡轮螺旋桨发动机的优点和缺点

5.3.4　涡轮轴发动机

涡轮轴发动机的基本构造与涡轮螺旋桨发动机类似，唯一的区别是涡轮轴发动机将风扇变成了直升机的旋翼，而涡轮螺旋桨发动机将风扇变成了螺旋桨。涡轮轴发动机一般应用于无人直升机上，与旋翼配合，构成了直升机的动力装置。

在构造上，涡轮轴发动机主要由进气道、压气机、燃烧室、涡轮、动力涡轮、传动轴以及尾喷管等部分组成，如图 5-28 所示。

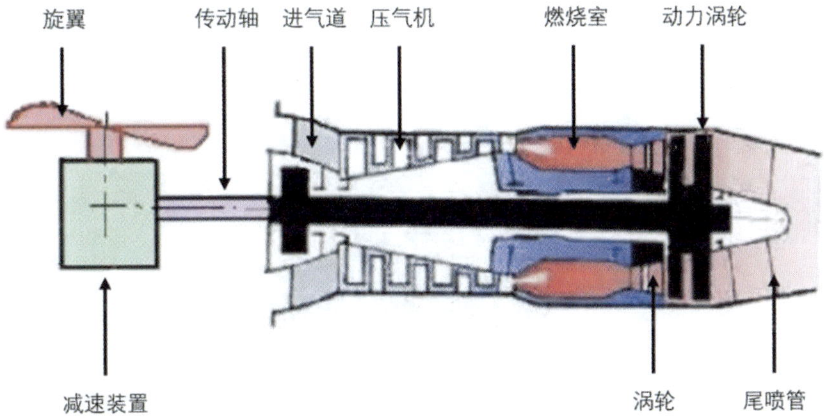

图 5-28　涡轮轴发动机的组成

涡轮轴发动机具有功率大、效率高等特点。图 5-29 为涡轮轴发动机应用于直升机上效果。

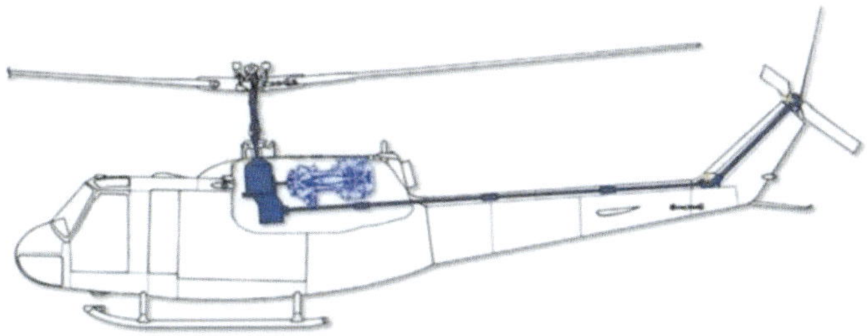

图 5-29　涡轮轴发动机应用于直升机上的效果

5.3.5　冲压发动机

冲压发动机又称为冲压喷气式发动机，主要利用迎面气流进入发动机后，高压空气进入燃烧

室，混合燃油，经过燃烧后高速喷出以得到动力的一种发动机。在构造上，冲压发动机主要由进气管、燃料喷射器、火焰器、燃烧室以及尾喷管等部分组成，如图 5-30 所示。

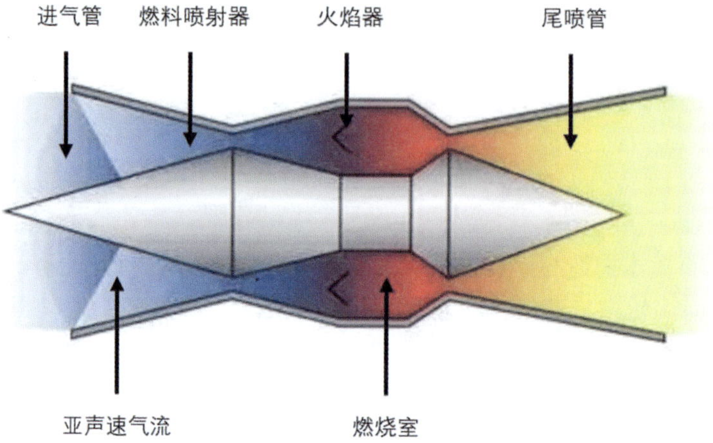

图 5-30　冲压发动机的组成

冲压发动机的构造非常简单，具有质量小、推力大的特点，它可以发出很大的推力，推力随飞行速度的增大而迅速增大，因此适用于高空高速飞行的无人机。美国的超高声速侦察机就使用了冲压发动机，如图 5-31 所示。

图 5-31　美国的超高声速侦察机

5.4　供油系统

在低空小载重领域，大多数无人机的动力系统为锂电池，且机型大多为多旋翼无人机。但是，也有很多无人机使用的供油系统，这样就省去了给无人机充电的麻烦，而且飞行的时间也长。在一些军事上使用的战斗型无人机，或者是长航时无人机等，大多数都使用的燃油飞行，可以向发动机持续、稳定地供油，以保证无人机能长时间飞行。

一般情况下，供油系统主要由油箱、油泵、油滤以及油管组成，供油系统必须具备稳定、可靠、性能好、维护简单和寿命长等特点。本节主要介绍供油系统的相关知识。

5.4.1 油箱

油箱是用来装燃油的容器，其容积的大小可以衡量一架无人机所能承装油量的能力，同时也决定了无人机在空中的飞行时间。油箱容积越大，装的燃油越多，无人机的飞行时间就越长；油箱的容积越小，装的油越少，那么飞行的时间就越短。油箱按结构来划分，可以分为软油箱、硬油箱和整体油箱三种类型。下面分别进行介绍。

1．软油箱

软油箱是一种由耐油橡胶和专用材料等胶合而成的油箱，具有质量小、不易损坏、储油量大等特点，适合机体内部的不规则空间，在无人机上被广泛应用。图 5-32 为无人机软油箱，适合固定翼、多旋翼以及无人直升机使用。

2．硬油箱

硬油箱一般由塑料、铝合金或不锈钢等硬制材料制成，由于铝合金具有质量小、强度大、易焊接等特点，因此在油箱结构中应用得较多。如果无人机机体内的温度较高，或者油箱舱有内压的现象，此时建议使用硬油箱，它能耐高温高压。图 5-33 为无人机硬油箱的基本造型。

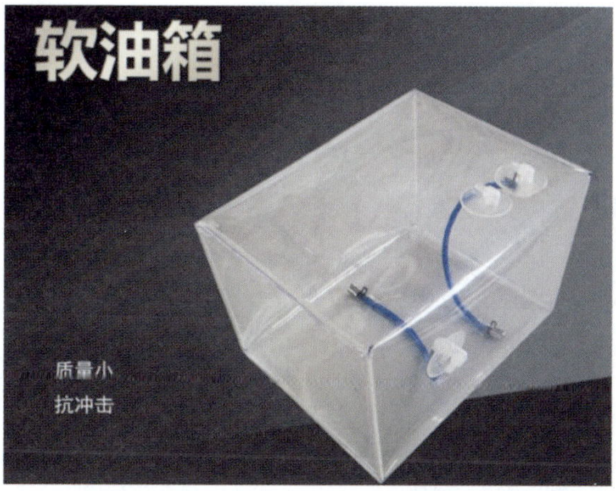

图 5-32 无人机软油箱

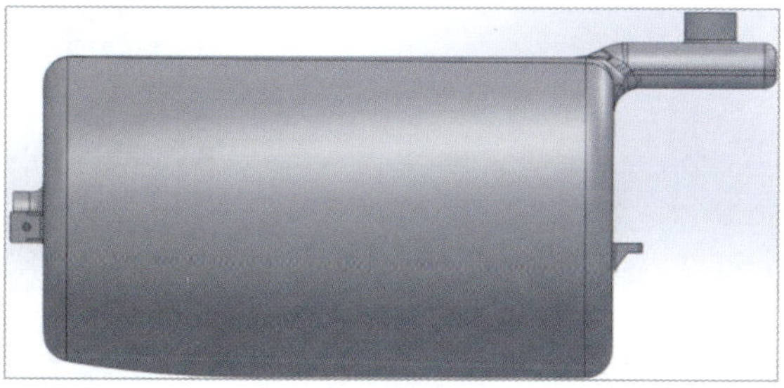

图 5-33 无人机硬油箱的基本造型

3．整体油箱

利用机翼或机身本体的一部分结构构成的油箱，称为整体油箱，这样可以最大限度地利用机体内部的空间来贮油，在现代无人机上应用广泛。如图 5-34 为无人机的整体油箱。

5.4.2 油泵、油滤

油泵是一个加工精细、制造工艺复杂的部件，它的作用是向发动机提供具有一定压力的燃油。油泵的质量和性能非常重要，直接影响无人机的耗油率。

油滤是指油液过滤器，主要用来过滤燃油中的杂质，安装在油箱和油泵之间，需要定期更换，以保证有足够的流通能力。另外，油滤要具有足够的精度和强度，抗腐性能要好，能在规定的温度下持久地工作。

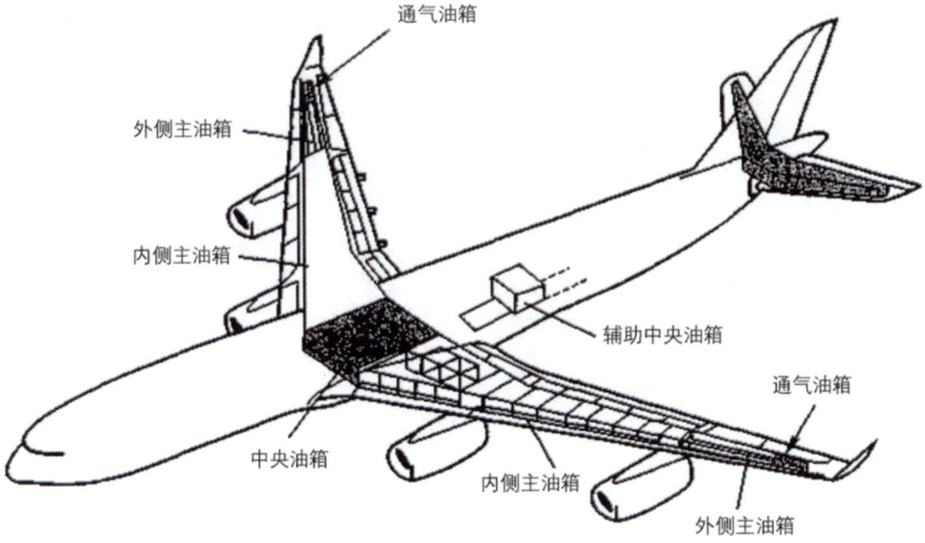

图 5-34　无人机的整体油箱

5.4.3　油管

油管是一个用来输送燃料的零件，将燃料提供给发动机，这样无人机才能正常启动。油管的质量一定要好，防腐性能要强，一般选用树脂材料作为油管，如图 5-35 所示。

图 5-35　树脂材料的油管

5.4.4　燃料

适合无人机的燃料主要有三种，即汽油、柴油和煤油，如图 5-36 所示。

汽油 →	汽油是用量最大的轻质石油产品之一，易于与空气混合后燃烧，能使发动机的稳定性较好，广泛应用于无人直升机中
柴油 →	柴油不易与空气混合后燃烧，使用时发动机有冒黑烟的现象，对于环境的污染比较严重
煤油 →	煤油是一种通过对石油进行分馏后获得的碳氢化合物的混合物，煤油纯品为无色透明液体，含有杂质时呈淡黄色，稳定性好

图 5-36　无人机的三种燃料分析

5.5　新能源动力装置

随着无人机技术的不断发展，各种新能源动力装置开始面世，随着技术的不断提升，它们拥有密度更大、更加持久、更加环保、更加经济等特点。本节主要介绍两种常见的新能源动力装置，太阳能动力和氢能源动力。

5.5.1　太阳能动力

太阳能动力装置是利用太阳能为无人机提供动力的一类装置，利用太阳能电池驱动电动机，带动螺旋桨推进系统，这类无人机能在飞行的过程中自己从太阳光中吸收能量。太阳能动力的优点和缺点如图 5-37 所示。

优点 → 无燃油消耗，可实现连续数月的飞行时间，飞行的高度较高，机载系统简单，日常维护较少，维护保障间隔周期长

缺点 → 不稳定，光电转化效率较低，需要很大面积的电池组，无人机的载重能力差，很难在大风中依然保持原有的飞行路线

图 5-37　太阳能动力的优点和缺点

如图 5-38 所示的这架无人机就是采用的太阳能动力装置，大大提升了续航时间。

图 5-38　采用太阳能动力装置的无人机

5.5.2　氢能源动力

氢气是一种极易燃烧的气体，它的密度最小，只有空气的 1/14，氢气燃烧会产生水，通过水电解输出氢氧气体形成氢能源，达到无人机节省燃油、提升动力、减少排放的目的。氢能源是一种绿色环保的能源，不会对周围的环境产生污染。

如图 5-39 所示的这架无人机就是采用的氢能源动力装置，这是一架高空长航时无人机，由美国波音公司研发，主要用于执行情报搜集工作，工作的持久性好。

图 5-39　采用氢能源动力装置的无人机

本章小结

本章主要介绍了无人机的多种动力装置，具体包括电动动力装置、活塞动力装置、涡轮发动机动力装置、供油系统和新能源动力装置等，重点介绍了电动动力装置与涡轮发动机动力装置的相关知识。通过对本章的学习，帮助读者为今后开发无人机动力系统奠定良好的基础。

习题 5

1．二冲程和四冲程活塞发动机的一个工作循环各包含哪些部分？

2．涡轮风扇发动机是如何产生推力的？

第 6 章 无人机控制系统

【本章导读】

无人机中包含很多重要的系统，如导航系统、飞控系统、通信系统、任务载荷系统、发射与回收系统等，这些系统是无人机的核心，也是难点，了解各系统的组成，可以帮助读者更好地了解无人机，完成无人机的安装操作。

【学习目标】

- 掌握导航系统、飞控系统、通信系统的相关知识。
- 熟悉任务载荷系统、发射与回收系统的相关知识。

【素质目标】

- 培养学生运用创新思维和解决问题的能力，设计和优化无人机系统，提高其性能和功能。
- 培养学生具有健康的体魄、心理和健全的人格以及良好的行为习惯。

6.1 导航系统

导航系统是无人机中比较重要的一个系统，主要用于定位和指引方向。无人机的自主飞行离不开导航系统，导航系统可以测量并确定无人机目前的位置信息以及无人机的飞行状态，并指引无人机顺利地飞行到指定的目的地。

无人机的导航系统主要包括五种不同的方式，即卫星定位导航、无线电导航、惯性导航、多普勒导航和地形辅助导航，通常采用多种导航方式组合应用，这样可以提高导航信息的准确性。本节主要对无人机的导航系统进行相关介绍。

6.1.1 卫星定位导航系统

卫星定位导航系统是能在地球表面的任何地点为无人机提供全天候的三维坐标、速度以及时间信息，从而引导无人机按指定航线飞行的一种导航系统。

全球范围内主要包括四大卫星定位导航系统，即美国的全球定位系统（global positioning system，GPS）、俄罗斯的格洛纳斯卫星导航系统（global navigation satellite system，GLONASS）、欧盟的伽利略卫星导航系统（galileo satellite navigation system，GALILEO）以及我国的北斗卫星导航系统。图 6-1 为卫星定位导航系统信号传输示意图。

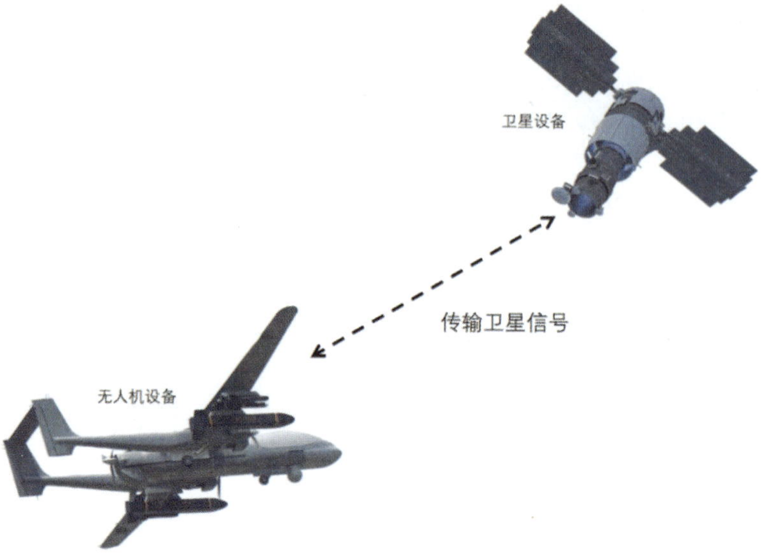

图 6-1　卫星定位导航系统信号传输示意图

在这四大卫星定位导航系统中，GPS 是第一个建立并用于导航定位的全球系统，在大疆的多旋翼无人机上就是使用的 GPS 全球定位系统，可用于定位无人机的当前位置，使无人机按操纵的航线飞行，在无人机的飞行界面中即可查看 GPS 信号的强弱，如图 6-2 所示。

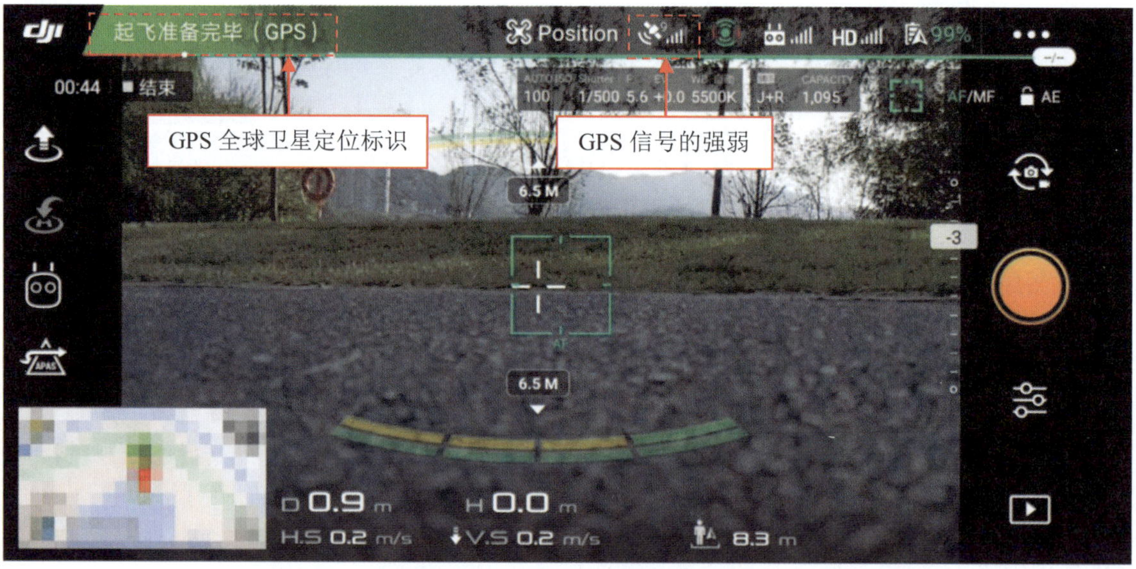

图 6-2 使用 GPS 卫星导航系统

当无人机准备飞行之前，首先会搜索 GPS 信号，如果没有搜索到 GPS 信号，无人机将进入视觉定位飞行模式，该模式下无人机的稳定性将受到很大的影响。

利用卫星定位导航时，需要求解无人机的 x、y、z 三维坐标以及卫星与无人机之间的时间差 Δt，要求解四个未知量需要四个方程，所以至少需要四颗卫星信号，如图 6-3 所示。

卫星定位导航系统具有全天候定位、精度高、准确性高、操作简单等特点，但在飞行环境不佳的情况下，会有相应的偏差。

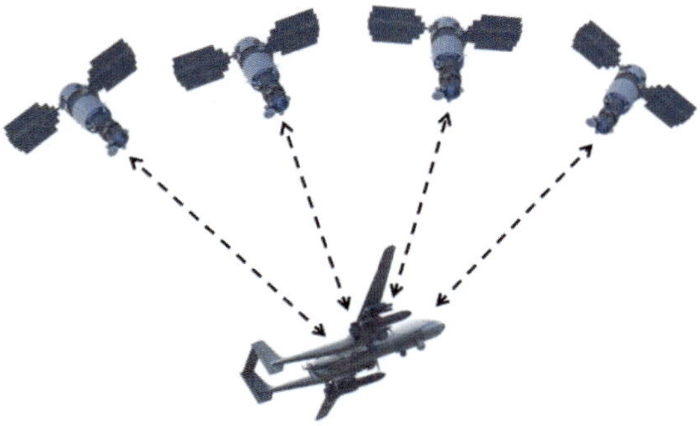

图 6-3　利用卫星定位导航需要四颗卫星信号

6.1.2　无线电导航系统

无线电导航系统是指在规定的时间达到目的地的航行技术，它利用了无线电波传播的基本原理，确定无线电波从发射机到接收机之间的传播时间，测量出无人机的方位、距离和速度，计算出与规定航线的偏差，由自动驾驶仪操纵无人机消除偏差以保持正确的航线。凡是导航台与无人机之间用无线电方式为媒介来实现导航的，称为无线电导航。

利用无人机接收的无线电波与天线的夹角，测算出无人机的航向，再根据无线电波的往返时间测算出无人机到地面导航台的距离，即可得到无人机的具体位置，如图 6-4 所示。

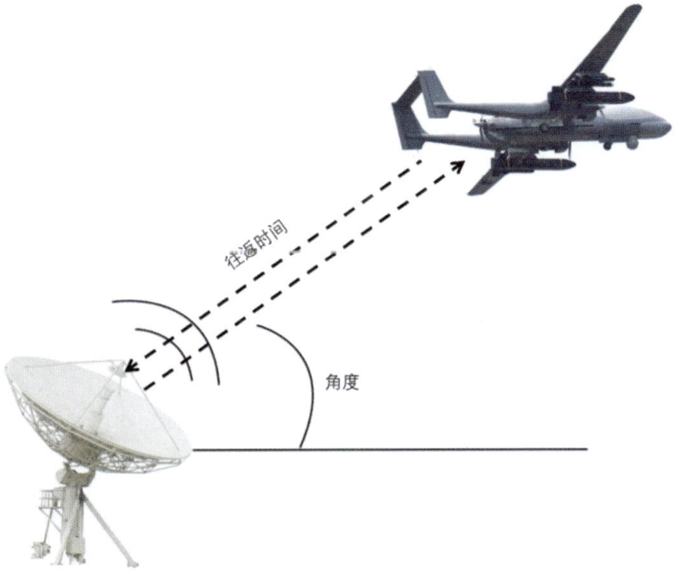

图 6-4　测量出无人机的方位、距离和速度

无线电导航系统的优点和缺点如图 6-5 所示。

优点 →	无线电导航不受时间限制，不受天气限制，定位的时间短，作用的距离远，而且精度较高，设备简单，可靠性强
缺点 →	辐射无线电波的过程中容易被敌方发现，而且接收信号时容易受干扰，需要地面导航台的支持，否则容易发生故障

图 6-5　无线电导航系统的优点和缺点

6.1.3 惯性导航系统

惯性导航系统是一种不依赖于外部信息，不向外部辐射能量，也不受外界电磁干扰的一种自主式导航系统。它的基本工作原理是以牛顿力学定律为基础，通过测量无人机的加速度，对时间进行积分，变换到导航坐标系中，即可测算出无人机的位置、偏航角和速度。

惯性导航系统的两大主要装置是陀螺仪和加速度计，根据陀螺仪的输出建立导航坐标系，根据加速度计输出解算出无人机在导航坐标系中的速度和位置，以得到精准定位。图 6-6 为陀螺仪，图 6-7 为加速度计。

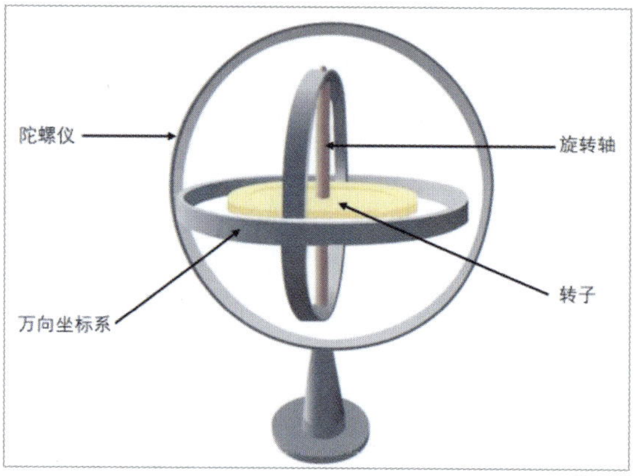

图 6-6　陀螺仪

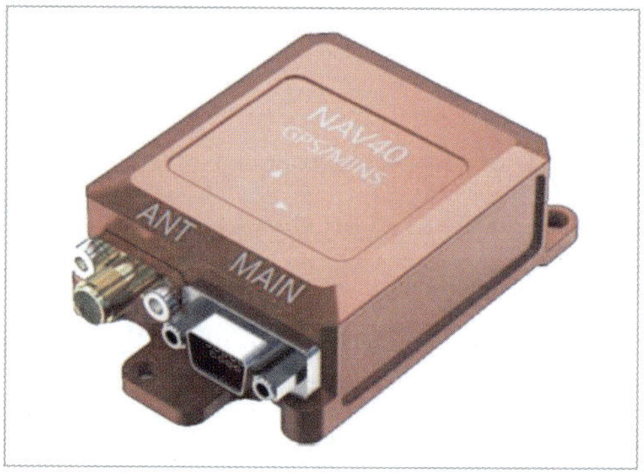

图 6-7　加速度计

惯性导航系统的优点和缺点如图 6-8 所示。

优点

- 是一种自主式系统，既不向外部辐射能量，也不依赖于任何外部信息
- 短期定位精度较高，数据更新率高，而且稳定性好，受外界的干扰较少，隐蔽性也很好
- 可以全天候、全时间地在空中、地面以及水下进行正常工作
- 能提供位置、速度、航向和姿态角数据，所产生的导航信息连续性好，而且噪声低

缺点

- 由于导航信息经过积分而产生，因此定位误差随时间积累而增大，长期定位精度较差
- 每次使用惯性导航系统之前，需要进行长时间的初始对准信息数据的时间
- 成本较高，造价比较昂贵，一台导航级（即 1 h 误差 1 n mile）的惯性导航系统至少也要几十万
- 不能提供时间信息，只能提供位置、速度和航向等

图 6-8　惯性导航系统的优点和缺点

> ▶ 专家指点
>
> 因惯性导航系统具有诸多优点，所以在很多战斗型无人机中经常使用该导航系统，或者和其他类型的导航系统组合使用。

6.1.4 多普勒导航系统

多普勒导航系统是指利用多普勒效应测定多普勒频移，从而测算出无人机的具体位置、飞行速度和航向等数据。当无人机在空中受气候、电离层、对流层以及空气的影响而偏航时，多普勒雷达还能测量出偏流角的数值并对航向进行修正。

多普勒导航系统也是比较常用的一种自主式导航系统，通常由多普勒导航雷达、航向姿态系统、导航计算机和控制显示器等构成。多普勒导航系统的优点和缺点如图 6-9 所示。

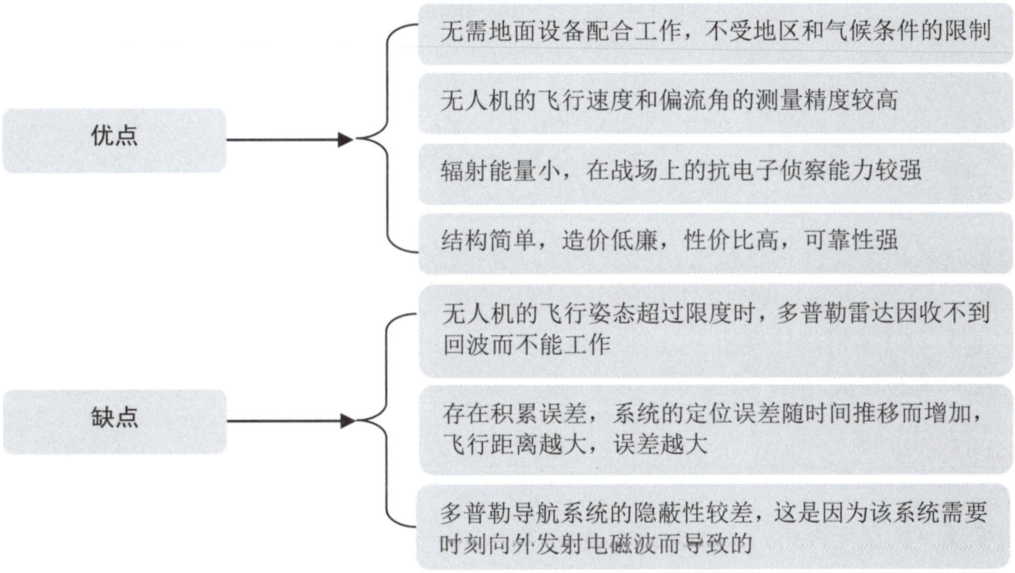

图 6-9 多普勒导航系统的优点和缺点

6.1.5 地形辅助导航系统

地形辅助导航系统又称为地形匹配，是指预先将无人机所要飞行的地区的三维（立体）数字地形特征数据存入无人机的飞控计算机中，当无人机飞至标注区域时，将预先存储的地形数据与实际飞行过程中的相关数据进行不断比较（如气压高度、海拔高度、雷达高度等），当存储的地形数据与实际测得的地形数据相匹配时，从而确定无人机的具体位置和飞行路线。

地形辅助导航系统的优点和缺点如图 6-10 所示。

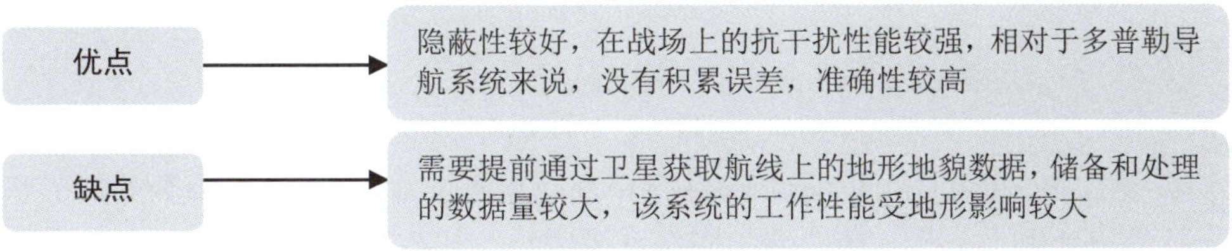

图 6-10 地形辅助导航系统的优点和缺点

地形辅助导航系统适合起伏变化较大的地形，不适合在海面或平原使用。图 6-11 为地形辅助导航系统的飞行示意图。

图 6-11　地形辅助导航系统的飞行示意图

6.2　飞控系统

飞控系统是指无人机完成起飞、空中飞行、执行任务以及返航落地等整个飞行过程的核心系统，它是无人机的大脑，控制无人机的飞行姿态与航向。飞控系统主要由主控模块、IMU（惯性测量单元）、GPS 指南针模块、LED 指示灯模块和 PMU 电源管理模块等部件组成。本节主要介绍飞控系统的相关内容。

6.2.1　主控模块

主控模块是实现无人机自主飞行最重要的部件，图 6-12 为大疆 A2 飞控的主控模块，它可以将 IMU、GPS 指南针、舵机、遥控器以及图传等设备接入飞行控制系统，通过飞手的操纵，使无人机能正常的飞行。

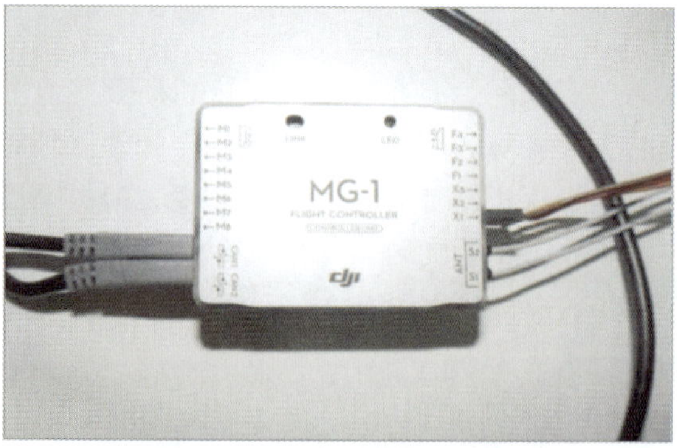

图 6-12　大疆 A2 飞控的主控模块

主控模块中的主控单元还可以通过 USB 接口连接相应设备，进行飞行参数的调节和系统的固件升级。不管哪一款无人机，都会遇到固件升级问题，既然是系统设备，就会有系统更新，更新和升级系统可以帮助无人机修复系统漏洞，或者新增某些功能，提升飞行的安全性。

大疆有很多型号的无人机可以通过 DJI GO 4 APP 来控制无人机的飞行，如果需要进行系统的固件升级，DJI GO 4 APP 在连接无人机后就会进行相关检测，界面上会显示相应的检测提示信息，如图 6-13 所示。如果系统是最新版本的，就不需要升级，系统可以正常使用，如图 6-14 所示。如果系统的版本不是最新的，则界面顶端会弹出红色的提示信息，提示用户可以升级的固定类型，这里提示飞行器与遥控器固件都需要升级，如图 6-15 所示。

图 6-13　检测提示信息

图 6-14　设置已检测完毕

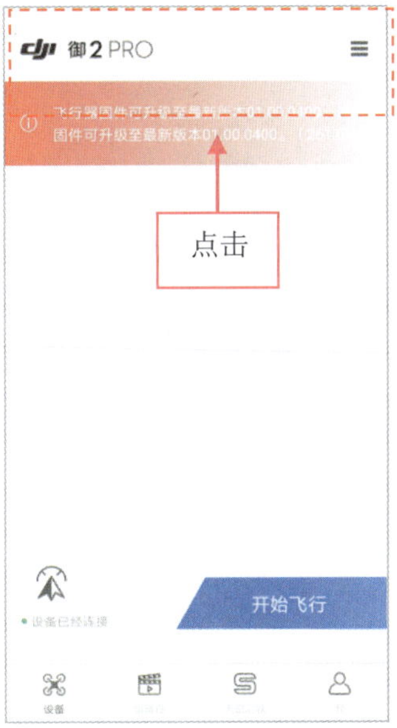

图 6-15　点击红色信息内容

在图 6-15 中，点击上方红色信息内容，进入“固定升级”界面，其中详细介绍了更新的日志信息，点击“开始升级”按钮，如图 6-16 所示。弹出提示信息框，点击“继续”按钮，如图 6-17 所示。此时程序开始下载升级包，并显示下载进度，稍等片刻，待升级包下载完成后，将自动上传到固件程序，为固件进行升级操作，并显示上传进度，如图 6-18 所示。

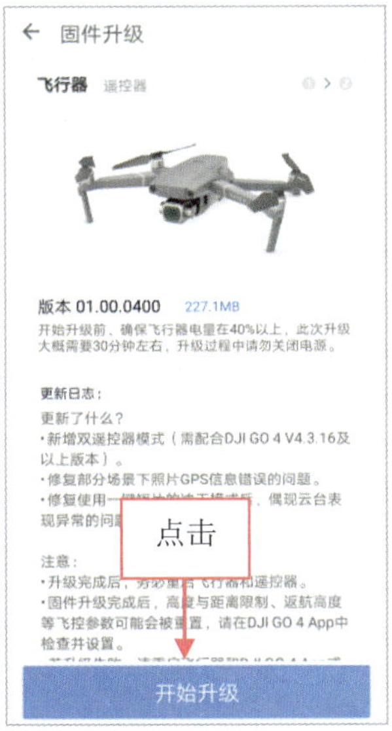

图 6-16　点击“开始升级”按钮

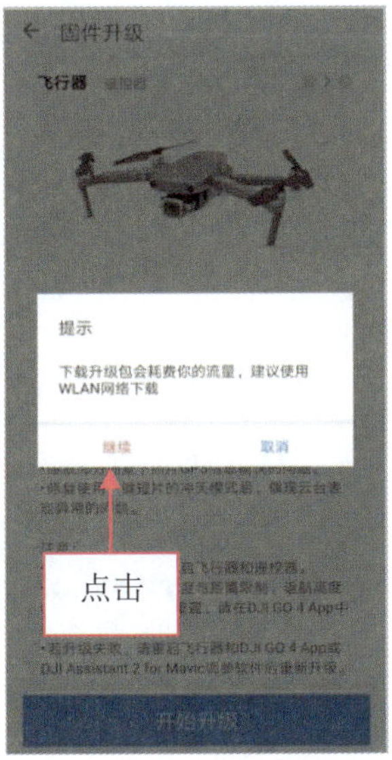

图 6-17　点击“继续”按钮

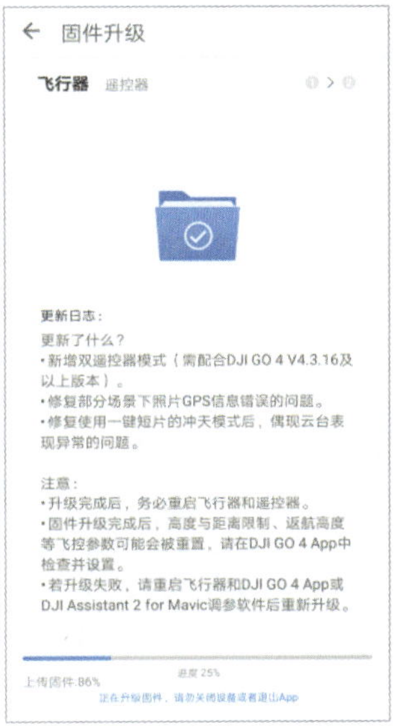

图 6-18　显示上传进度

上传完成后，界面弹出提示信息框，提示遥控器固件升级成功，需要重新启动遥控器与飞行器，点击“确定”按钮，如图 6-19 所示。返回“固件升级”界面，点击“完成”按钮，如图 6-20 所示，完成固件的升级操作。重新启动遥控器与飞行器，打开 DJI GO 4 APP，此时界面上方显示版本正在检测，检查固件版本信息，如图 6-21 所示。

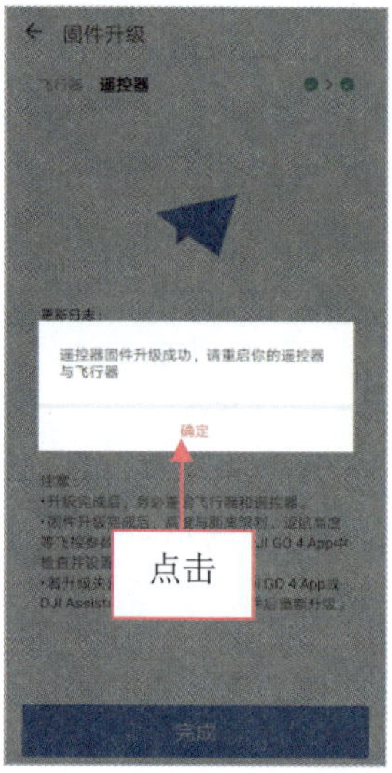

图 6-19　点击“确定”按钮

图 6-20　点击“完成”按钮

图 6-21　检查固件版本信息

稍等片刻，弹出“固件版本不一致”的信息，提示用户电池模块的固件也需要升级，上面是对遥控器与飞行器的固件进行升级的，那接下来对电池的固件进行升级。从左向右滑开“滑动来刷新”按钮，如图 6-22 所示。稍后界面上方显示固件正在升级中，并显示升级进度，如图 6-23 所示。待升级完成后，程序再次进行版本检测，如果全部固件已升级完成，则会提示“您的设备版本已最新！”，如图 6-24 所示。

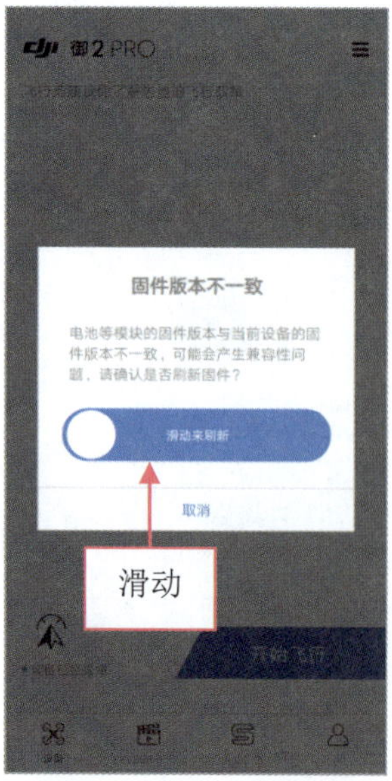

图 6-22　滑动刷新

图 6-23　开始升级中

图 6-24　更新完成

6.2.2　IMU（惯性测量单元）

IMU（惯性测量单元）主要由三轴加速度计、三轴陀螺仪和电子罗盘等组成，是测量无人机三轴姿态角（或角速率）及加速度的装置，用来获取多旋翼无人机的飞行数据，如飞行姿态、飞行角度、飞行速度和高度等，是一个高精度的元器件集合体，如图 6-25 所示。

6.2.3　GPS 指南针模块

GPS 指南针模块用于精确定位无人机的飞行方向、角度及经纬度等信息，在正常飞行状态下，帮助无人机自动返航、降落等；当无人机在空中失去信号或者“炸机”，此时 GPS 指南针可以精确定位无人机的位置，帮助用户找回无人机。GPS 指南针模块，如图 6-26 所示。

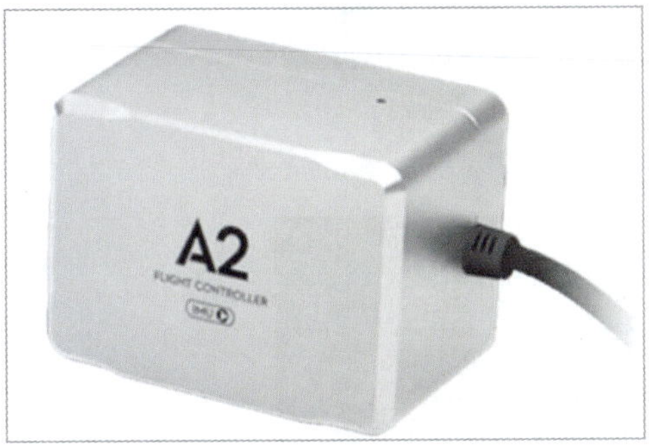

图 6-25　IMU（惯性测量单元）

图 6-26　GPS 指南针模块

当每次需要飞行无人机的时候，都要先校准 IMU 和指南针，确保罗盘的正确是非常重要的一步，特别是每当要去一个新的地方开始飞行无人机的时候，一定要记得先校准 IMU 和指南针，然后再开始飞行，这样有助于无人机在空中的飞行安全以及无人机的自动返航等。下面介绍使用 DJI GO 4 APP 校准 IMU 和指南针的操作方法。

Step 01 当开启遥控器，打开 DJI GO 4 APP，进入飞行界面后，如果 IMU 惯性测量单元和指南针没有正确运行，此时系统在状态栏中会有相关提示信息，如图 6-27 所示。

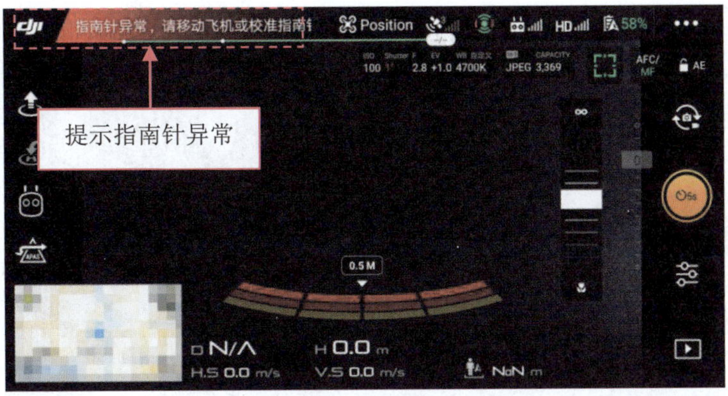

图 6-27　系统在状态栏中提示指南针异常

Step 02 点击状态栏中的“指南针异常……”提示信息，进入“飞行器状态列表”界面，如图 6-28 所示，其中“模块自检”显示为“固件版本已是最新”，表示固件无需升级，但是下方的指南针异常，系统提示飞行器周围可能有钢铁、磁铁等物质，请用户带着无人机远离这些有干扰的环境，然后点击右侧的“校准”按钮。

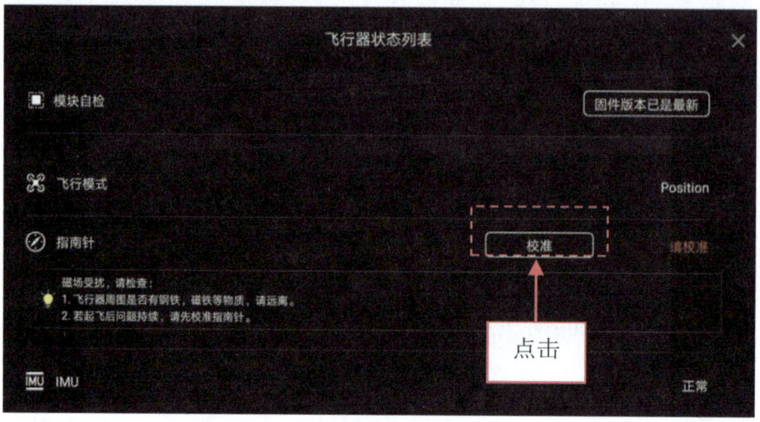

图 6-28　点击右侧的“校准”按钮

Step 03 弹出信息提示框，点击“确定”按钮，如图 6-29 所示。

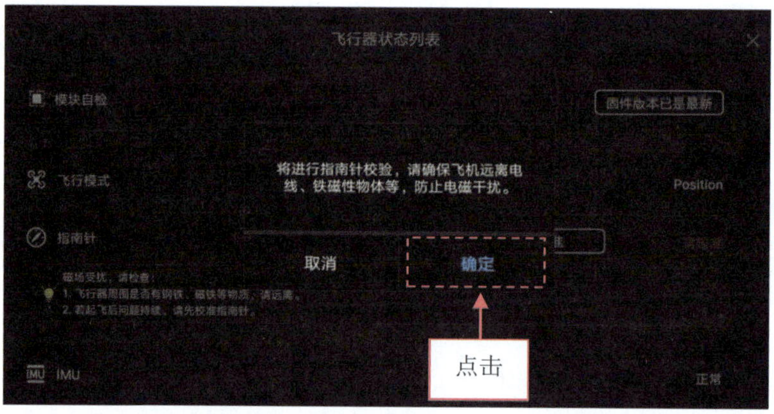

图 6-29　点击“确定”按钮

Step 04 进入校准指南针模式，请按照界面提示，水平旋转飞行器 360°，如图 6-30 所示。

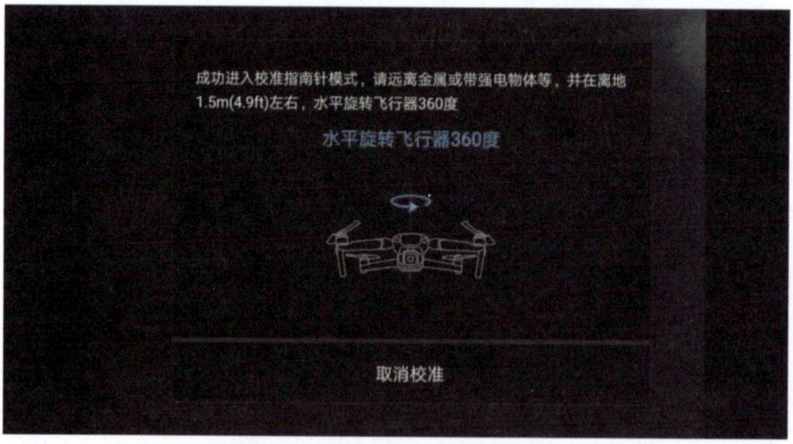

图 6-30　水平旋转飞行器 360°

Step 05 水平旋转完成后，界面中继续提示用户请竖直旋转飞行器 360°，如图 6-31 所示。

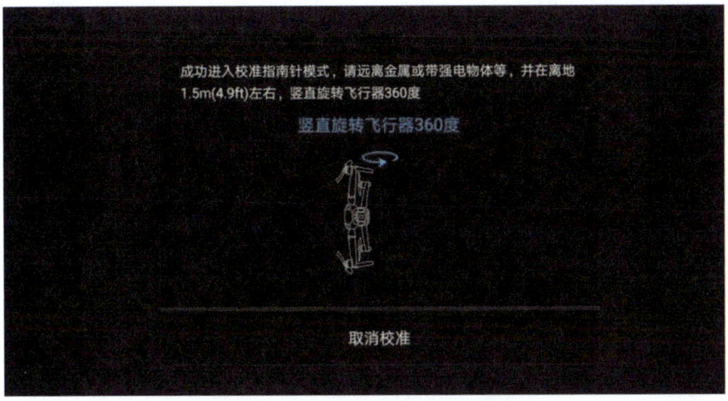

图 6-31　请竖直旋转飞行器 360°

Step 06 当用户根据界面提示进行正确操作后，手机屏幕上将弹出提示信息框，提示用户指南针校准成功，点击“确认”按钮，如图 6-32 所示。

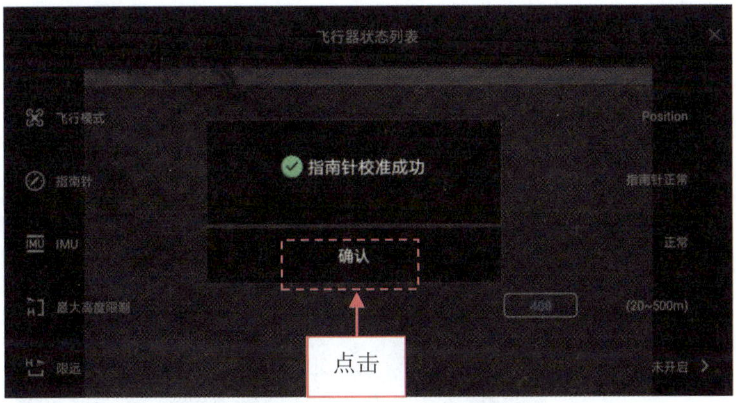

图 6-32　点击“确认”按钮

Step 07 即可完成指南针的校准操作，返回“飞行器状态列表”界面，此时“指南针”选项右侧将显示“指南针正常”的信息，下方的 IMU 右侧也显示为“正常”，如图 6-33 所示。

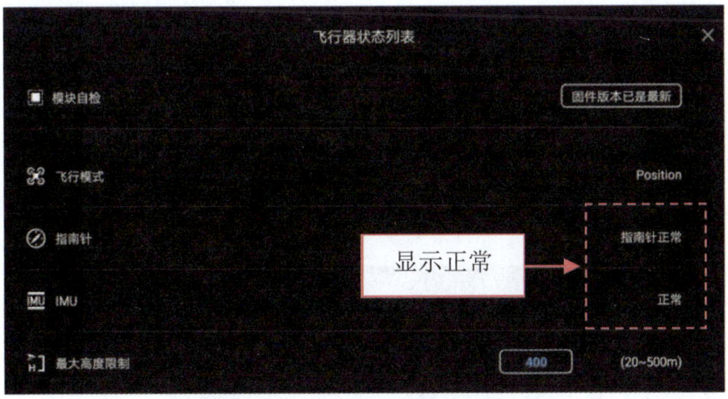

图 6-33　完成指南针的校准操作

当用户根据上述界面中的一系列操作，对飞行器进行水平和竖直旋转 360° 后，如果手机屏幕中继续弹出“指南针校准失败”的提示信息，如图 6-34 所示，这说明用户所在的位置磁场确实过大，对无人机的干扰影响很严重。请用户带着无人机远离目前所在位置，再找一个无干扰的环境，继续校准指南针的方向。

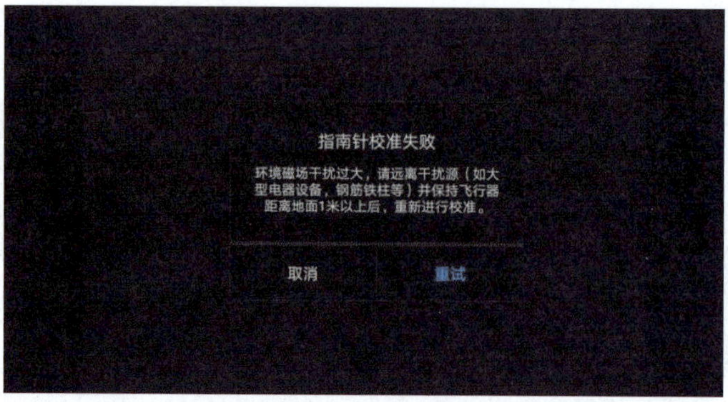

图 6-34　弹出“指南针校准失败”的提示信息

6.2.4　LED 指示灯模块

LED 指示灯模块用于飞行过程中指示飞控系统的状态，可以帮助用户更好地了解无人机的飞行状态，查看无人机是否安全。图 6-35 为 LED 指示灯。

在 DJI GO 4 APP 中，还可以打开无人机的 LED 机头指标灯，此时无人机的前臂灯会显示为红色，这样也可以快速帮助用户寻找无人机，如图 6-36 所示。

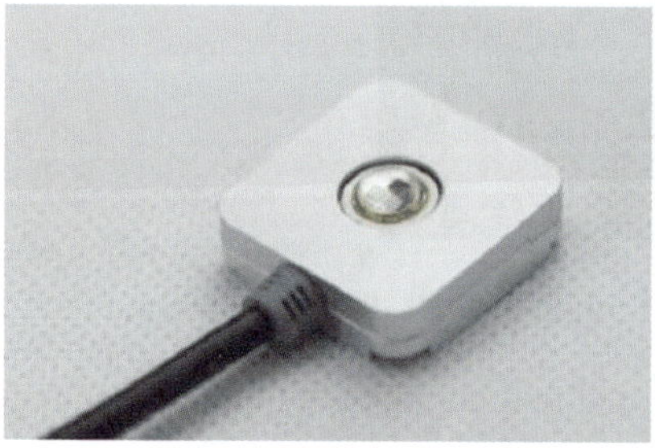

图 6-35　LED 指示灯

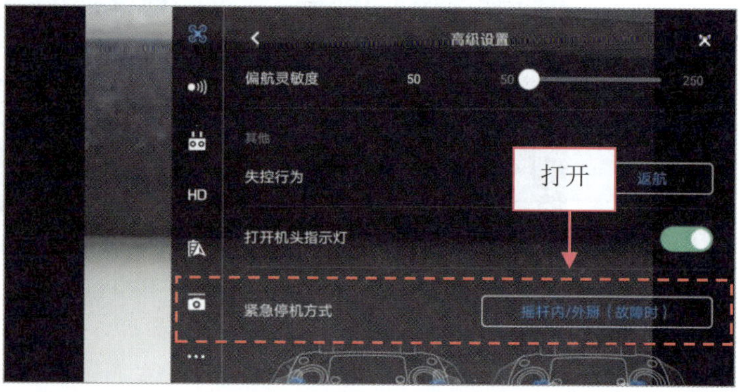

图 6-36　打开机头指示灯

6.2.5　PMU 电源管理模块

PMU 电源管理模块的作用是给飞控主控器、ESC 电调单元等组件供电，是一种高度集成，针对便携式应用的电源管理方案，以保证飞控单元的正常工作。图 6-37 为大疆 A2 飞控的 PMU 电源管理模块。

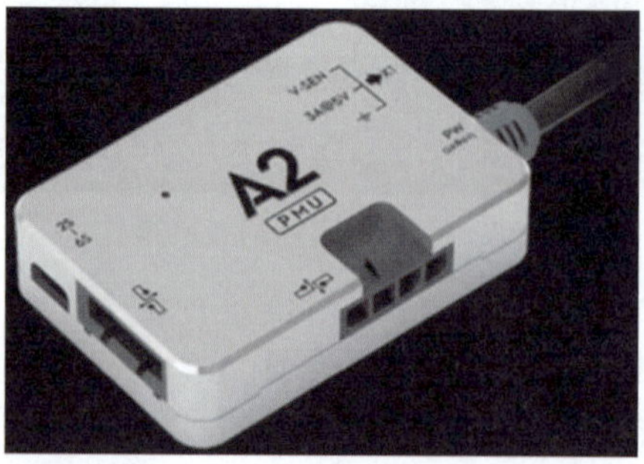

图 6-37　大疆 A2 飞控的 PMU 电源管理模块

6.3　通信系统

通信系统是无人机中很重要的一个系统，如果没有通信系统，无人机将无法进行操控，也就无法正常飞行。通信系统包括卫星、地面控制站和无人机的控制等，其示意图，如图 6-38 所示。本节主要介绍无人机通信系统的相关内容。

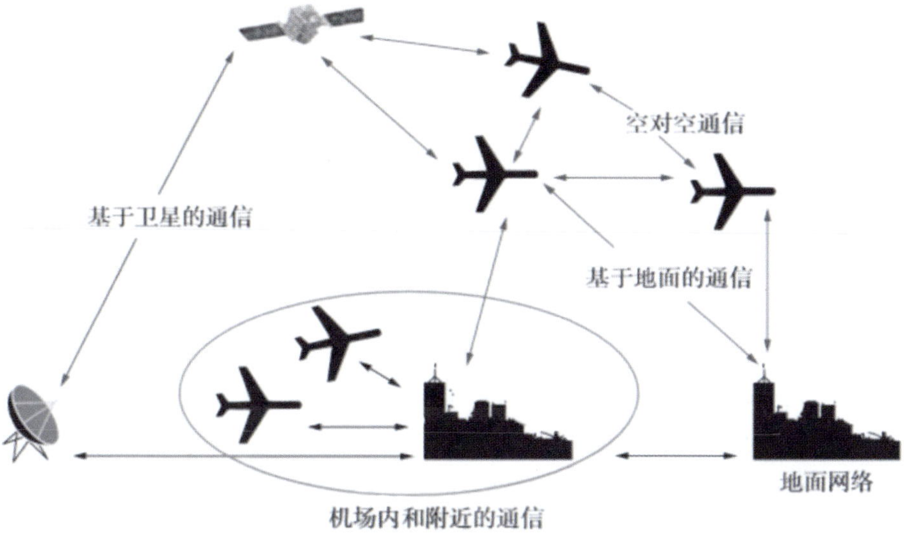

图 6-38　通信系统示意图

6.3.1　通信链路系统

一般情况下，通信系统由下行链路和上行链路组成，链路系统是通信系统中的重要组成部分，它的作用是建立一个空地双向数据传输通道，如图 6-39 所示，用于完成地面控制站对无人机的远距离遥控、遥测和任务传输。

下行链路 →	使用无线电资源，将无人机的数据信息及飞行状态传输到控制站或者卫星
上行链路 →	在地面工作站中，将地面操控人员的飞行或任务命令传输到无人机上

图 6-39　下行链路和上行链路

在民用无人机中，一般有三条通信链路系统，如图 6-40 所示。

第一条链路 →	遥控器和无人机上的接收机形成单向传输，通过遥控器发送指令，无人机接收指令，遥控器怎么操纵，无人机就怎么飞行，适合短距离内控制无人机
第二条链路 →	地面站与无人机形成双向数据传输，地面站发送指令，无人机接收指令，然后无人机发送自己的位置和航向等信息，地面站接收，适合远距离控制无人机

第三条链路 → 地面站的接收模块与无人机上的发射模块形成图传模块，单向传输，构成下行链路，无人机将空中所拍摄到的景象通过图库传回地面站

图 6-40　民用无人机通信链路系统介绍

6.3.2　机载链路设备

机载链路设备包括机载数据终端和天线，如图 6-41 所示。

机载数据终端 → 机载数据终端包括 RF（rapidfire）接收机、发射机，以及相关调制解调器，有些机载数据终端为了满足下行链路的宽度限制，还提供用于压缩数据的处理器

天线 → 视距内通信的无人机大多数安装全向天线，有时也要求采用具有增益的定向天线；超视距通信的无人机一般采用自跟踪抛物面卫通天线

图 6-41　机载链路设备

无人机的天线又称为机载电台，一般集成于机载设备的顶部，如图 6-42 所示，有些天线也会在无人机的内部，从外部看不出来，这要看设计时的基本构造。

图 6-42　机载设备中集成的天线

关于大疆旗下视距内的无人机，在遥控器上也有两根天线，与无人机上的机载天线位置要对准，这样信号才强烈。以大疆御 Mavic 2 专业版无人机为例，机载天线安装在两个前脚架中，一般看不到。有很多用户认为遥控器天线的顶端是信号最强的，把天线的顶端对准无人机，如图 6-43 所示。

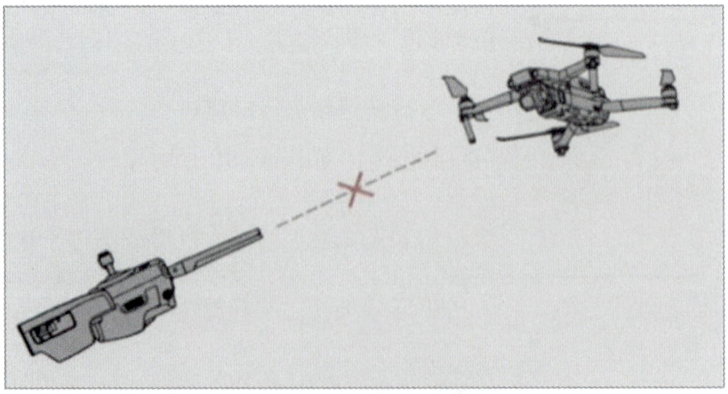

图 6-43　遥控器天线错误的姿势

这样做法其实是不对的，正确的做法是把遥控器的天线平面对准无人机，如图 6-44 所示，此时无人机和遥控器的方向呈 90° 夹角，这个时候遥控器接收的信号才是较强的，图传的质量才会更高。

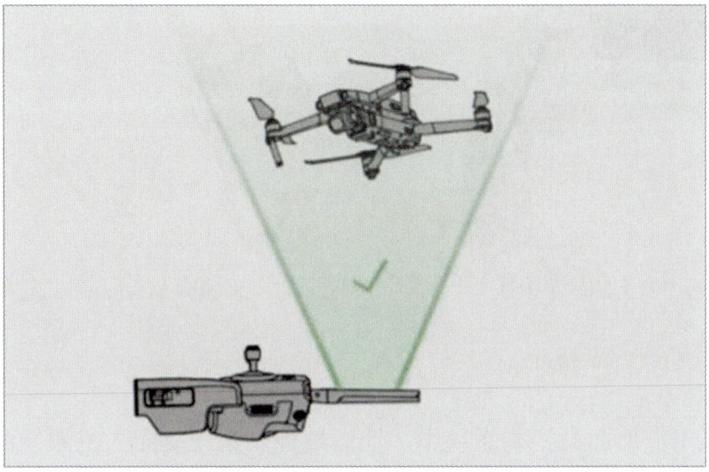

图 6-44　遥控器天线正确的姿势

6.3.3　地面链路设备

地面链路设备也称为地面数据终端，包括一副或几副天线、RF 接收机、发射机和调制解调器等，一般集中在地面站控制系统中，又称为地面电台。图 6-45 为地面卫星通信天线，适合超视距飞行的无人机。

图 6-45　地面卫星通信天线

前面介绍的大疆御 Mavic 2 专业版无人机遥控器上的天线就属于视距内的地面链路设备，天线采用扁平天线，如图 6-46 所示。

另外，还有一部分无人机的遥控器采用八木天线和自跟踪抛物面天线。图 6-47 为大疆御 Mavic Air 2 无人机的八木天线。

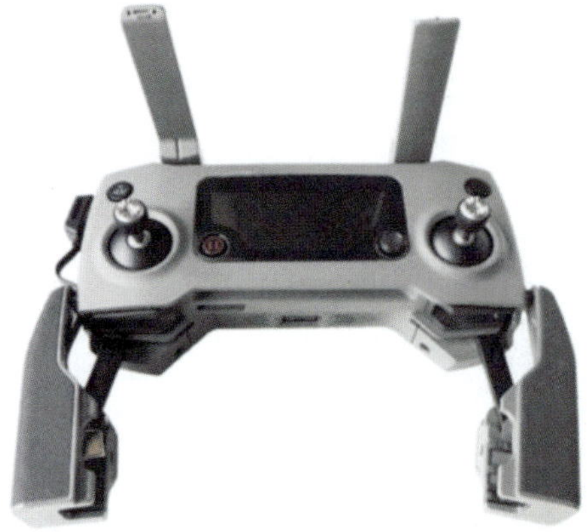

图 6-46　遥控器上的扁平天线

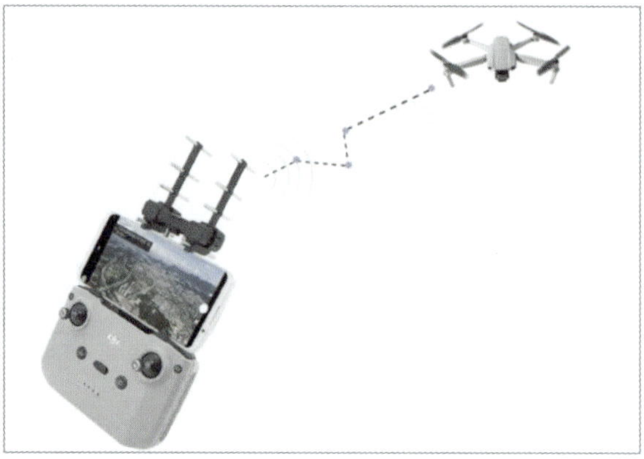

图 6-47　大疆御 Mavic Air 2 无人机的八木天线

6.3.4　地面站控制系统

地面链路设备集中在地面站控制系统中，地面站控制系统是无人机系统的重要组成部分，提供地面操作人员与无人机交互的渠道，用来更好地观察、获取和操纵无人机的飞行状态。图 6-48 为无人机的地面站控制系统。

图 6-48　无人机的地面站控制系统

6.4　任务载荷系统

任务载荷系统是指无人机在执行任务的过程中需要使用的设备或仪器，如侦察类设备、通信类设备、武器弹药类设备和摄影摄像类设备等。任务载荷系统主要分为军用任务载荷系统和民用任务载荷系统，本节主要针对这两类系统的载荷类型进行相关介绍。

6.4.1　侦察监视类载荷

无人机在很多战争中都有非常出色的表现，为了完成信息侦察、监测以及监视等任务，就需要携带一些侦察监视类的载荷，如光学相机、电视摄像机、红外线扫描仪、前视红外设备和激光雷达等，如图 6-49 所示。

光学相机	优点是具有较高的分辨率，画面清晰，图像质量非常好；缺点是需要回收冲洗，不能实时传递情报信息
电视摄像机	电视摄像机是无人机上经常使用的一种监视器材，具有体积小、质量小、灵敏度高、抗冲击力强等特点，能实时传递情报信息，还能辅助地面操纵人员远程遥控无人机，控制飞行姿态
红外线扫描仪	属于机载无源探测设备，不需要借助环境光的照射，即可探测出物体自然的红外辐射，非常适合进行夜间侦察和监视，而且自身的隐蔽性很好，但是不能实时传递情报信息
前视红外设备	具有较高的空间分辨力，可以分辨出景物的各个细节特征，被广泛应用于夜间图像情报的侦察和探测设备中
激光雷达	是指激光探测及测距系统，能获得场景的三维影像，可以对目标进行分类，为作战部队提供目标的精确信息
合成孔径雷达	能在恶劣的环境下正常工作，以高分辨力进行大范围成像，目前只有大型无人机具备搭载合成孔径雷达的能力

图 6-49　侦察监视类载荷

机头下方的球形物体就是无人机的前视红外设备，如图 6-50 所示。图 6-51 为“蜂鸟”无人机上的机载激光雷达系统，搭载无人机日均可巡检 30 公里输电线路。

图 6-50　前视红外设备

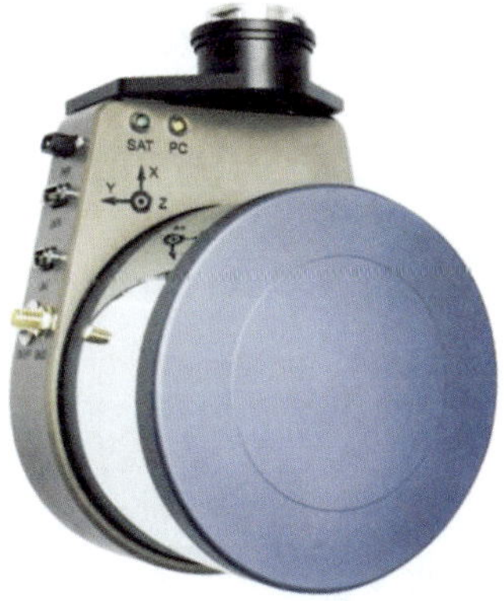

图 6-51　机载激光雷达系统

6.4.2　通信类载荷

无人机在执行通信情报和通信中继任务时，需要搭载相应的通信类载荷，如机载电台和数据链等设备。图 6-52 为无人机航空电台，主要应用于远距离、高速度、大规模无人机集群协同场景，具有组网规模大、通信距离远、传输速率稳定、抗多径干扰能力强等特点。

图 6-53 为某型号的跳频电台，工作模式为点对点、点对多点、中继、空对地双向数据通信等，具有抗干扰、抗截获等特点，采用高级加密技术，可以有效保证数据的安全性，适合空中不同距离的无人机进行数据传输。

图 6-52　无人机航空电台

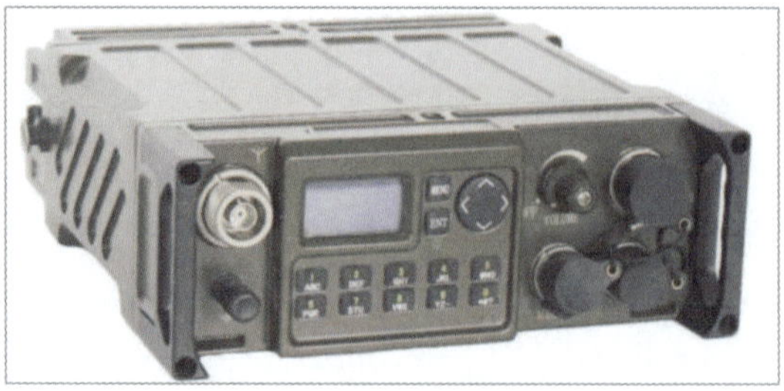

图 6-53　无人机跳频电台

数据链系统主要由机载部分和地面站部分组成，灵活配合各种传感器、平台以及地面中心工作，可以传送高分辨率视觉和合成孔径雷达图像，满足多波段的中继任务。图 6-54 为多无人机与海面移动自组网协同中继通信。

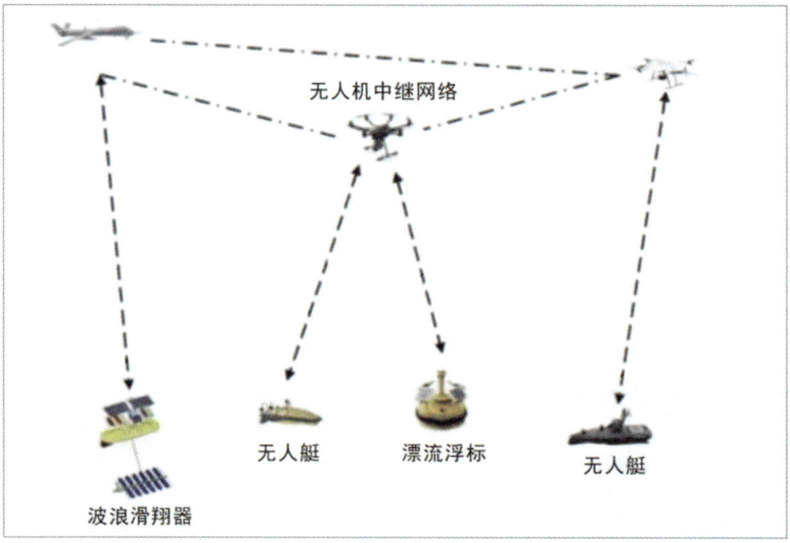

图 6-54　多无人机与海面移动自组网协同中继通信

6.4.3　武器弹药类载荷

当无人机需要参与作战，对敌方进行火力攻击时，就需要装载武器弹药类载荷，对地面和海上目标实施攻击。武器弹药类载荷主要包括联合直接攻击弹药、小口径炸弹、低成本自主式攻击系统、“海尔法”导弹以及激光武器等，如图 6-55 所示。

- 联合直接攻击弹药 → 在美国现役航空炸弹上加装不同类型的制导和控制组件，形成联合直接攻击弹药
- 小口径炸弹 → 属于小型灵巧弹，采用双锥型弹头，在接近目标时为了增加炸弹的速度，活动尾翼套件可抛放小口径炸弹
- 低成本自主式攻击系统 → 这是一种小型、有翼的灵巧子弹药，可以对目标进行自动识别和攻击，具有成本低、攻击性强等特点
- “海尔法”导弹 → 主要由 MQ-1A “捕食者” 无人机投射，可以进行离轴发射，攻击范围大，性能非常好，在以往取得过较好的战绩

激光武器 → 是指使用激光直接照射武器而将其杀伤的定向能武器，其杀伤程度取决于激光的波长、光速强度和照射时间的长短等

图 6-55　武器弹药类载荷

低成本自主式攻击系统可以对目标进行探测和测距，还可以攻击移动目标。图 6-56 为低成本自主式攻击系统。

图 6-56　低成本自主式攻击系统

6.4.4　民用任务类载荷

除了前文介绍的多种军用类任务载荷外，无人机在民用领域也有着广泛的应用，如摄影摄像、通信中继、灾情监测以及农药喷洒等，下面进行相关介绍。

1．摄影摄像

无人机航拍摄影在民用领域中占比较大，很多航拍爱好者喜欢用镜头记录美好的风光，以不同的视角拍出极具吸引力的照片和视频。此时，可以在无人机上搭配高配置的相机，使画面具有分辨率高、画质好等特点，可满足人部分的影视需求，如图 6-57 所示。

2．多光谱传感器

多光谱传感器是指通过各种滤光片或分光器与多种感光胶片的组合，将多个传感器影像整合到一起，以得到目标的几张不同光谱带的照片，从而可以降低工作人员的负担，以提高工作效率。图 6-58 为多光谱传感器。

图 6-57　搭配高配置的相机

图 6-58　多光谱传感器

3．植保喷雾系统

在无人机上搭载植保喷雾系统，使无人机进行低空低量施药工作，可以大大降低人工成本，只需要通过地面遥控器操作即可完成，劳动强度较小，工作效率高，防治效果好。图 6-59 为无人机上搭载的药箱和喷雾装置，通过脚架喷洒农药，基本能够满足高效农业经济发展的需求。

图 6-59　无人机上搭载的药箱和喷雾装置

6.5　发射与回收系统

发射与回收系统是指无人机的起飞与降落系统，无人的起飞和降落方式有多种，如垂直起飞降落、滑跑起飞降落、手抛起飞、弹射起飞。回收系统包括伞降回收和气囊回收等。本节主要介绍无人机发射与回收系统的相关内容。

6.5.1　发射系统

发射系统是指无人机的起飞方式，根据无人机类型的不同，起飞方式也各不相同，发射系统是无人机飞行的要点，只有安全的起飞了，才能保证后面的稳定飞行。下面详细介绍发射系统的相关内容。

1．垂直起飞

旋翼无人机的起飞方式就是原地垂直起飞，主要是利用旋翼旋转而产生升力，达到起飞的目的。在无人直升机与多旋翼无人机中应用较多，部分固定翼无人机中配备了专门用于垂直起飞的发动机，也可以进行垂直起飞。

垂直起飞不受场地面积和地理条件的影响，在任何平坦的地方都可以起飞，大疆的多旋翼无人机还可以手持起飞，下面介绍具体操作方法。

Step 01　单手举起无人机，无人机的螺旋桨要与人物保持一定的距离，如图 6-60 所示。

Step 02　将两个操作杆同时往内遥杆，启动电机，此时螺旋桨开始旋转，如图 6-61 所示。

Step 03　将左遥杆缓慢向上推动，无人机即可起飞，慢慢上升。图 6-62 为无人机起飞后图传界面。

图 6-60　单手举起无人机

图 6-61　螺旋桨开始旋转

图 6-62　无人机起飞后的图传界面

▶ 专家指点

将两个操作杆同时往内遥杆，即可启动电机开始起飞，这是手动起飞的操纵方式。在大疆的多旋翼无人机中，还可以利用 DJI GO 4 APP 进行自动起飞，只需要在 APP 界面中点击“自动起飞”按钮，即可自动起飞无人机，无须手动操作，既方便又快捷。

当用户在户外旅行的时候，如果地面不适合无人机起飞，此时可以把汽车的天窗打开（为了安全起见此方法在汽车行驶期间不可用），人站在座椅上，从天窗的位置起飞无人机，如图 6-63

所示。或者，将无人机放在车头比较平整的位置起飞，如图 6-64 所示，这两种方式都适合户外起飞，垂直起飞是无人机较方便的一种起飞方式。

图 6-63　从天窗的位置起飞无人机

图 6-64　将无人机放在车头比较平整的位置起飞

2．滑跑起飞

固定翼无人机最常见的起飞方式就是滑跑起飞，无人机的下方的滑轮和刹车装置。滑跑起飞对场地面积和地理条件有一定的要求，它需要借助跑道来滑跑起飞，一般用于小、中、大型无人机。这种起飞方式的安全性高，但机动灵活性较差，适合军用无人机。图 6-65 为滑跑起飞的固定翼无人机。

图 6-65　滑跑起飞的固定翼无人机

3．手抛起飞

手抛起飞的动作类似扔纸飞机，是指借助手部力量将无人机抛出去，达到起飞的效果。手抛起飞最简单方便，适用于质量小、尺寸小的微型无人机。图 6-66 为天空冲浪者 X8 无人机通过手抛起飞的效果。

（a）　（b）

图 6-66　手抛起飞无人机

4．弹射起飞

弹射起飞是指利用伸缩性很强的弹性元件（如橡皮筋、弹簧等）提供动力，为无人机提供所需的加速度，达到起飞的效果。弹射起飞的方式包括弹力弹射、气液压弹射、燃气弹射和电磁弹射等，一般用于轻、小型无人机，如图 6-67 所示。

5．零长发射

零长发射是指零距离发射，主要利用火箭助推的方式发射无人机，被发射后的无人机可以凭借自身的动力继续飞行，如图 6-68 所示。

图 6-67　弹射起飞无人机

图 6-68　零长发射无人机

6.5.2　回收系统

常见的回收系统包括垂直降落、滑跑降落、伞降回收、撞网回收以及气囊回收等，下面针对无人机的回收系统进行相关介绍。

1．垂直降落

垂直降落是指旋翼无人机可以垂直下降，安全着陆，与垂直起飞的方式相对应。以大疆的多旋翼无人机为例，当无人机行完毕后，要开始下降时，可以将左遥杆缓慢向下推，如图 6-69 所示，无人机即可缓慢降落。

当无人机降落至地面后，用户可以通过两种方法停止电机的运转，一种方法是将左遥杆推到最低的位置，并保持 3 s 后，电机停止；另一种方法是执行掰杆动作，将两个操作杆同时往内遥杆，如图 6-70 所示，或者同时往外遥杆，即可停止电机。

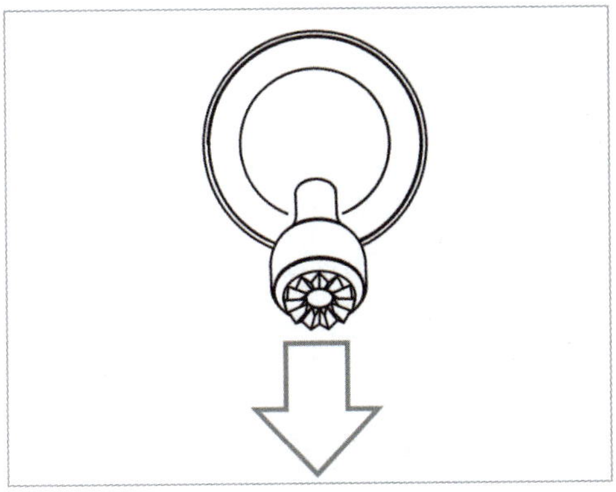

图 6-69　将左遥杆缓慢向下推

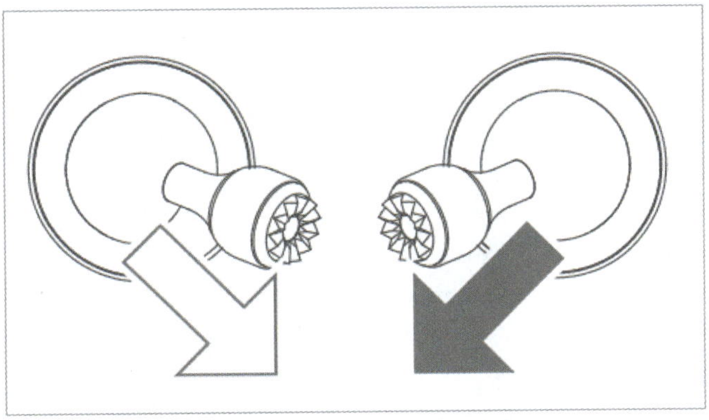

图 6-70　将两个操作杆同时往内遥杆

上面介绍的垂直降落方法是指将无人机降落到平坦的地面，如果当时的地理环境不适合下降，此时可以手持无人机降落，具体操作步骤如下。

Step 01 当用户需要手持无人机降落时，首先需要关闭无人机的避障功能，点击右上角的“通用设置”按钮•••，如图 6-71 所示。

图 6-71　点击“通用设置”按钮

Step 02 进入“感知设置”界面，关闭“启用前/后视感知系统”功能，此时上方显示“避障未开启”的信息提示，如图 6-72 所示。

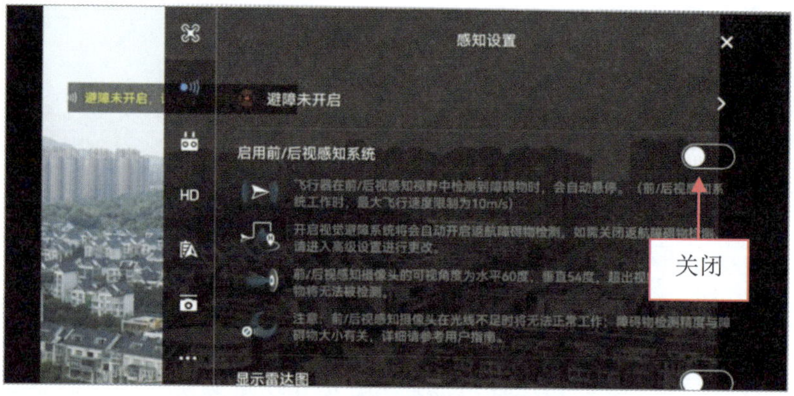

图 6-72　关闭“启用前/后视感知系统”功能

Step 03 动界面至下方，选择“高级设置”选项，进入“高级设置”界面，关闭“启动下视定位”和“返航障碍物检测”功能，如图 6-73 所示。

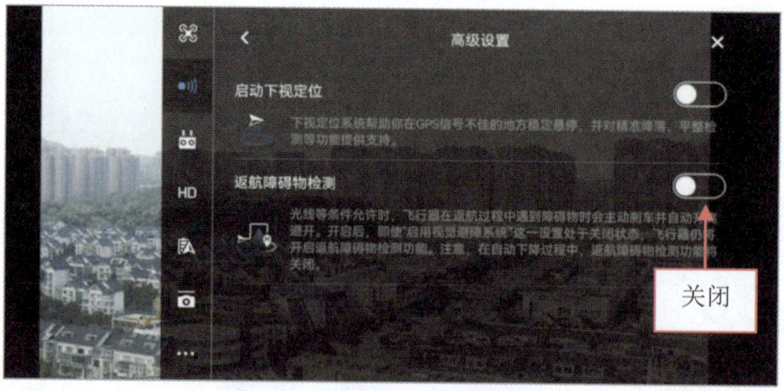

图 6-73　关闭相应的避障功能

Step 04 关闭无人机的避障功能后，无人机就不能识别下方的障碍物，此时将无人机下降到一定位置后，单手接住无人机，如图 6-74 所示，然后将左遥杆推到最低的位置，并保持 3 s 后，电机停止，完成手持降落的操作。

图 6-74　单手接住无人机

2．滑跑降落

滑跑降落是指利用跑道滑跑降落无人机，与滑跑起飞的方式相对应，需要专门的跑道以及开阔的场地，需要给无人机一定的滑跑距离和时间，才能使无人机停机。所以，这种降落方式的灵活性较差，可采用自主控制或人工遥控这两种方式来引导无人机滑跑降落。

3．伞降回收

伞降回收是指通过机载降落伞的方式回收无人机，当无人机到达指定的降落位置后，在地面站的遥控指挥下打开降落伞，如图 6-75 所示，使无人机缓慢着陆。

4．撞网回收

撞网回收是指通过地面站遥控引导无人机逐渐下降，正对着拦截网飞过去，从而实现撞网回收，如图 6-76 所示。这种回收方式适合轻、微型无人机，而且在气象条件不太好的情况下，如大风的时候，撞网的位置会出现偏差，难以准确入网。

图 6-75　伞降回收无人机

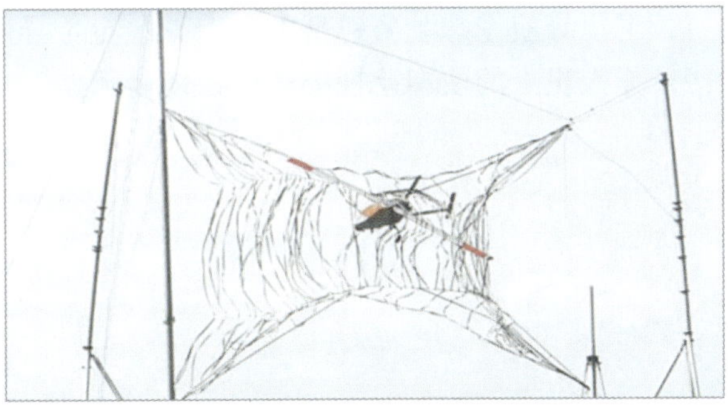

图 6-76　撞网回收无人机

5．气囊回收

气囊回收是指通过机载气囊装置回收无人机，当无人机需要降落的时候，此时通过地面站遥控打开气囊，依靠气囊直接着陆，起到一定的缓冲作用，仅适合微型无人机，如图 6-77 所示。气囊可以配合降落伞使用，给无人机起到一定的安全防护，也可以单独使用。

图 6-77　气囊回收

本章小结

本章主要介绍了无人机的多种控制系统。首先介绍了导航系统，主要包括卫星定位导航、无线电导航、惯性导航、多普乐导航和地形辅助导航等系统；然后介绍了飞控系统，如主控模块、IMU、GPS 指南针模块、LED 指示灯模块和 PMU 电源管理模块等；接下来介绍了通信系统，如通信链路系统、机载链路设备、地面链路设备和地面站控制系统等；最后对无人机的任务载荷系统以及发射与回收系统进行了详细介绍。通过对本章的学习，希望读者可以更好地了解无人机的各系统组成，对无人机有更清晰的认识。

习题 6

1．卫星导航系统主要包括哪些？卫星定位导航系统具有哪些特点？

2．无人机上的侦察监视类载荷系统有哪些？

第 7 章　无人机操控技术

【本章导读】

大部分的民用无人机是通过遥控器装置来控制飞行航向的，此时需要掌握一些简单的操控技术，如上升、下降、往前、后退、左移、右移、俯视向前、原地转圈、360° 环绕以及后退拉高等飞行技术。通过本章内容的学习，可以提高读者飞行的自信。

【本章重点】

- 掌握六组适合新手的飞行动作、六组进阶提升类飞行动作。
- 熟悉垂直 90°俯视操控技术、无人机的高级飞行技术。
- 熟练设置航点和飞行路线、无人机的朝向和速度。
- 了解保存、载入与删除航点信息。

【素质目标】

- 提升学生实践能力，培养空中观察能力、判断力和反应能力，为未来学习打下坚实的基础，不断提高学生在无人机操作方面的素质能力。
- 培养学生善于整合资源、乐于团队协作。

7.1　六组适合新手的飞行动作

在空中进行复杂航拍工作之前，先要学会一些基本的入门级飞行动作，因为复杂的飞行动作也是由一个个简单的飞行动作所组成的，掌握简单飞行动作后，就可以掌控无人机的飞行。

7.1.1　拉升镜头，向上飞行

向上飞行是指无人机开启后向上升，用户进行任何航拍工作之前，都必须先把无人机上升至高空中，才能进行相关的航拍工作。下面介绍向上飞行的具体操作方法。

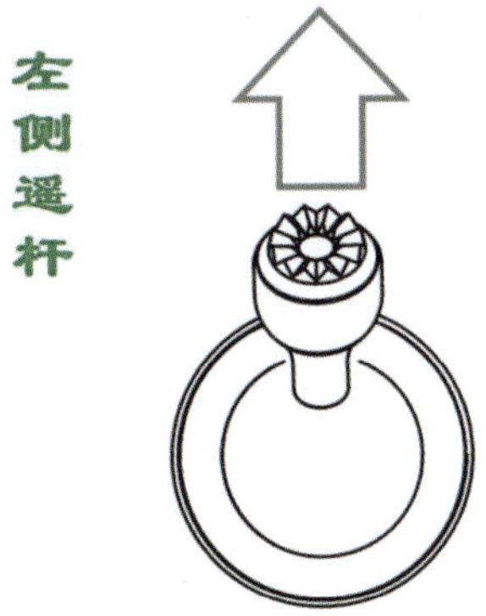

图7-1　将左侧的摇杆缓慢的往上推

Step 01 开启无人机后，将左侧的摇杆缓慢的往上推，如图 7-1 所示。

Step 02 表示无人机将进行上升飞行，如图 7-2 所示，推杆的幅度轻一点，缓一点，使无人机上升至空中，尽量避免无人机在地面附近盘旋。

图 7-2 无人机将进行上升飞行

Step 03 当无人机上升至一定高度后，松开左侧的摇杆，使其自动回正，此时无人机的飞行高度、旋转角度均保持不变，处于空中悬停的状态。

▶ 专家指点

无人机在上升过程中一定要在可视范围内飞行，而且飞行高度不能超过 125 m，因为超过 125 m 后的高空，就看不见无人机的影子了。

拉升镜头是无人机航拍中最为常规的镜头，无人机起飞的第一件事就是向上飞行，起飞后即可开始拍摄拉升镜头。拉升镜头是视野从低空升至高空的一个过程，直接展示了航拍的高度魅力。当拍摄建筑的时候，可以从下往上拍摄，全面展示建筑的全貌。

图 7-3 为在巴厘岛海边拍摄的一个拉升镜头，无人机垂直向上飞行，逐渐展现出大场景的风光画面，这样的拉升镜头极具魅力。

图7-3 拉升镜头

7.1.2 下降镜头，向下飞行

当无人机飞至高空后，就需要开始练习向下飞行。下面介绍向下飞行的具体方法。

Step 01 手持遥控器，将左侧的摇杆缓慢的往下推，如图 7-4 所示。

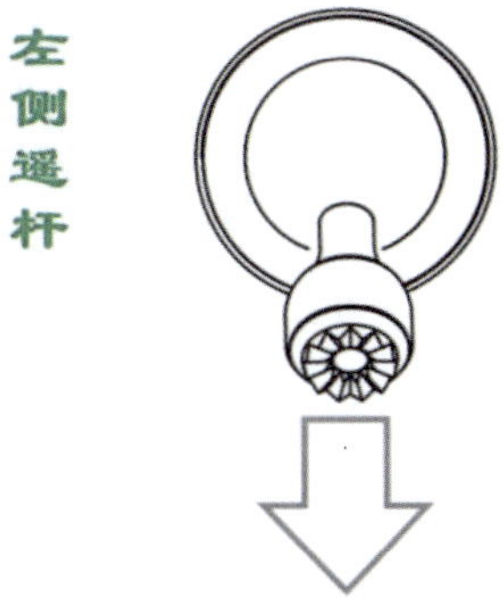

图7-4 将左摇杆缓慢向下推

Step 02 执行操作后，无人机即可开始向下降落，如图 7-5 所示，下降时一定要慢，以免气流影响无人机的稳定性。

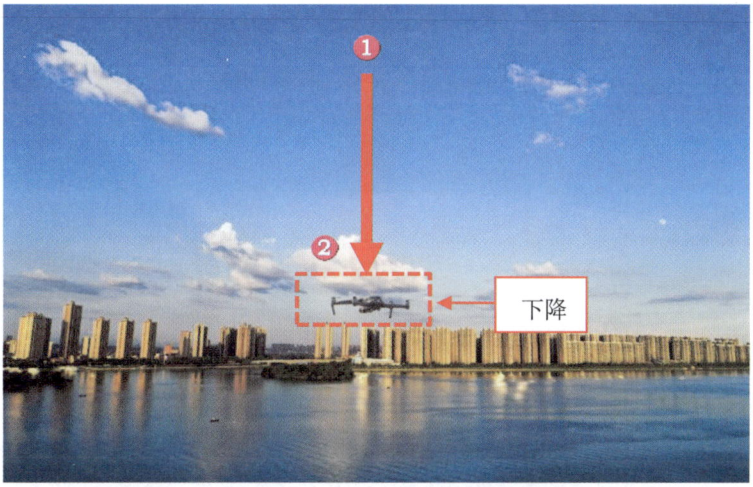

图7-5 无人机开始向下降落

▶ 专家指点

用户在下降无人机的过程中，如果看到了漂亮的美景，也可以停止下降操作，按下遥控器上的“对焦/拍照”按钮，即可拍照；如果按下遥控器上的“录影”按钮，即可拍摄视频。当用户拍摄完成后，继续将左侧的摇杆缓慢的往下推，继续下降飞行。

下降镜头适合从大景切换到小景，从全景切换到局部的细节展示。图7-6 为无人机镜头朝下90°，垂直向下飞行，逐渐展现出江边的局部风光。

图7-6 无人机垂直向下飞行

7.1.3 向前镜头，往前飞行

往前直线飞行是最简单的飞行手法，将无人机上升到一定高度后，调整好镜头的角度，然后将右侧的摇杆缓慢的往上推，无人机即可向前飞行，如图 7-7 所示。

图7-7 无人机向前飞行

对准目标向前飞行无人机的时候，拍摄对象就是目标本身，此时目标由小变大，由模糊变清晰，直至在观众面前展示所拍摄的目标对象，如图 7-8 所示。

图7-8　对准目标向前飞行无人机

7.1.4　后退镜头，倒退飞行

如果用户想拍摄慢慢后退的镜头，就可以将无人机缓慢的向后飞行。下面介绍具体向后飞行的操作方法。

Step 01　首先调整好镜头的角度，将右侧的摇杆缓慢的往下推，如图 7-9 所示。

图7-9　将右侧的摇杆缓慢的往下推

Step 02　执行操作后，无人机即可向后倒退飞行，如图 7-10 所示，如果后退的无人机离用户越来越近，那么在视觉上会显得比较大。

图7-10　无人机向后倒退飞行

▶ 专家指点

向后倒退飞行无人机的过程中，一定要注意无人机后面是否有障碍物或者危险对象，因为倒退的过程中，无人机后面的情况是不知道的，用户只能凭肉眼去观察天空中的景象。

由于是后退镜头的原因，所以前景是不断出现在观众面前，如果有多重前景，航拍镜头倒飞堪称是绝佳的选择。图 7-11 为拍摄的一段后退飞行的视频画面。

图7-11　后退飞行的视频画面

7.1.5　左移镜头，向左飞行

向左飞行是指无人机向左方向飞行。下面介绍向左飞行的操作方法。

Step 01 调整好镜头的角度，将右侧的摇杆缓慢地往左推，如图 7-12 所示。

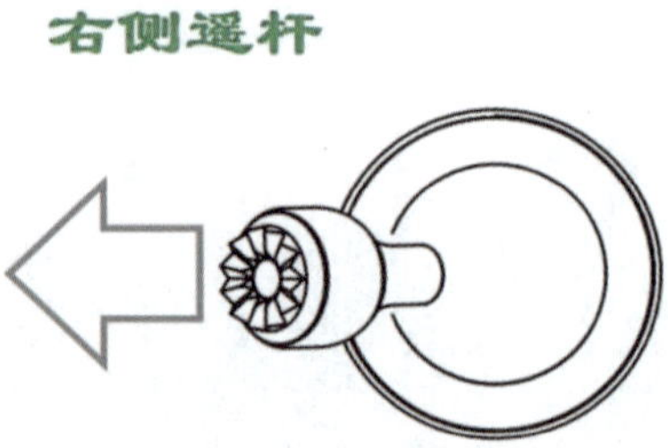

图7-12　将右侧的摇杆缓慢地往左推

Step 02 执行操作后，无人机即可向左飞行，如图 7-13 所示。

图7-13　无人机即可向左飞行

7.1.6　右移镜头，向右飞行

向右飞行是指无人机向右边的方向飞行，与向左飞行的方向刚好相反，操控方法也非常简单。首先调整好镜头的角度，再将右侧的摇杆缓慢地往右推，无人机即可以向右飞行，如图 7-14 所示。

图7-14　无人机即可向右飞行

图 7-15 为无人机向右侧飞过海边的效果。

图7-15　无人机向右侧飞过海边的效果

侧飞的方式，在一定程度上加强了画面的运动感与速度感，可以将观众带入身临其境的感觉，也展现了环境左右空间的延伸感。

7.2　六组进阶提升类飞行动作

通过以上六组入门级飞行动作的练习，接下来学习相对复杂的飞行动作，这些动作也是最常用的，能帮助用户更灵活地控制无人机的飞行。

7.2.1　原地转圈飞行

原地转圈又称为 360°旋转，是指当用户飞到高空后，可以进行 360°的原地旋转。有两种旋转方式：一种是从左向右旋转，另一种是从右向左旋转。下面介绍具体的飞行方法。

Step 01 当无人机处于高空中，将左侧的遥杆缓慢的往左推，如图 7-16 所示。

Step 02 此时，无人机将从左向右进行 360° 旋转，如图 7-17 所示。

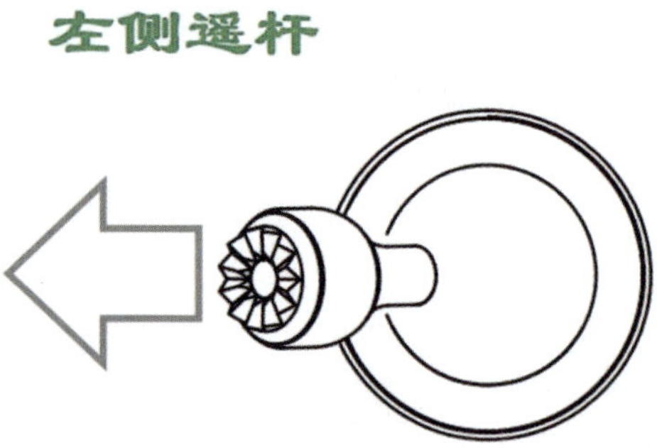

图 7-16　将左侧的遥杆缓慢的往左推

图 7-17　无人机将从左向右进行旋转

Step 03 将左侧的遥杆缓慢的往右推，如图 7-18 所示。

Step 04 此时，无人机将从右向左进行 360° 旋转，如图 7-19 所示。

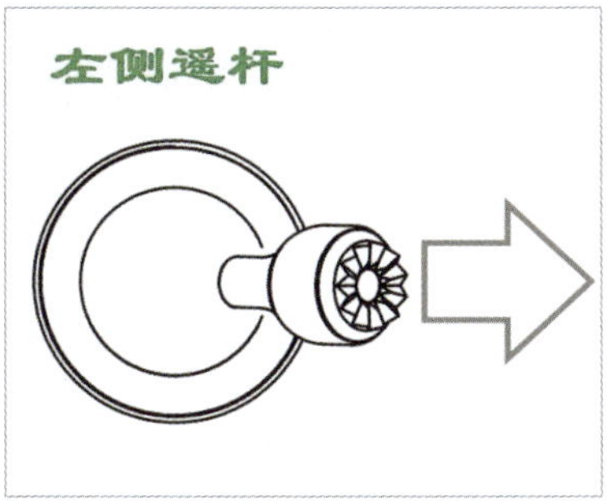

图7-18　将左侧的遥杆缓慢的往右推

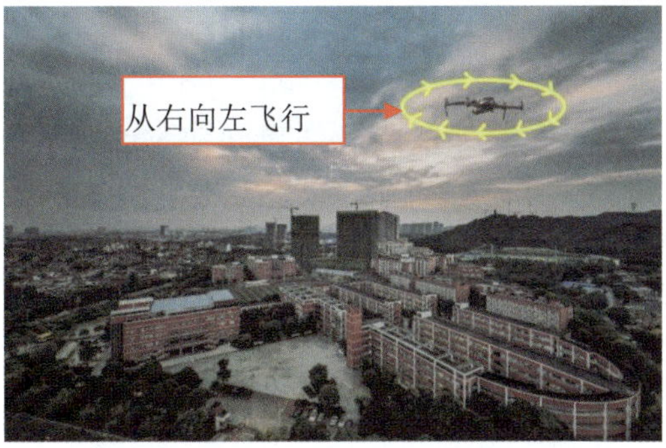

图7-19　无人机将从右向左进行旋转

图 7-20 为无人机拍摄原地 360°转圈的视频画面。

图7-20　无人机拍摄原地 360°转圈的视频画面

7.2.2　360°环绕飞行

360°环绕飞行是指围绕某一个物体画圆圈飞行，这种飞行方式与原地转圈有一定的区别，原地转圈飞行是原地不动旋转 360°，而 360°环绕飞行是移动位置让无人机飞行 360°，难度会稍微大一点。图 7-21 为 360° 环绕飞行的视频画面效果。

图7-21　360° 环绕飞行的视频画面效果

以拍摄对象为中心进行环绕飞行的具体操作方法如下。

Step 01 将无人机上升到一定高度，相机镜头俯视向下，俯视要拍摄的主体对象。

Step 02 逆时针环绕：右手向右拨动右摇杆，无人机将向右侧侧飞，推杆的幅度要小一点，油门给小一点，同时左手向左拨动左摇杆，使无人机向左进行旋转，也就是摇杆同时向外打杆。当侧飞的偏移和旋转的偏移达到平衡后，可以锁定目标一致在画面中间。

7.2.3　画 8 字飞行

画 8 字飞行是比较有难度的一种飞行动作。 8 字飞行会用到左右遥杆的很多功能，需要左手和右手的完美配合，左遥杆需要控制好无人机的旋转方向，右遥杆需要控制好无人机的飞行方向，画 8 字的飞行路径，如图 7-22 所示。

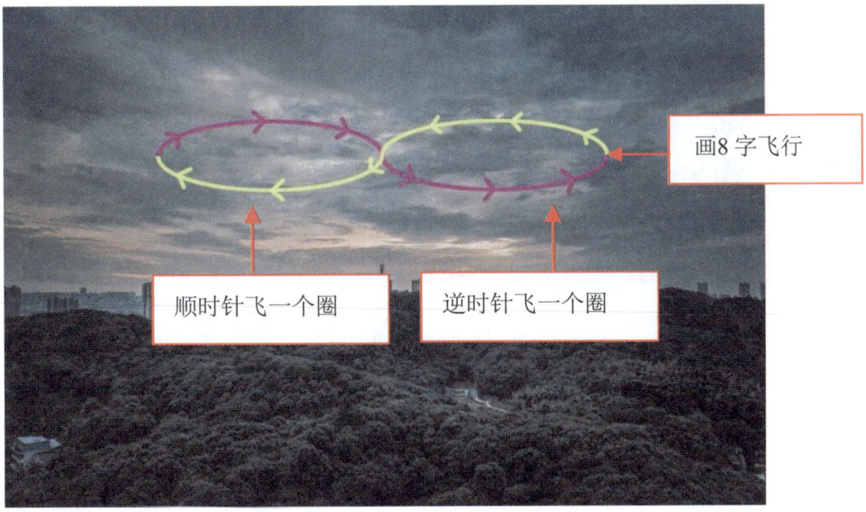

图7-22　画8 字的飞行路径

根据图 7-22 无人机画 8 字的飞行轨迹，具体操作方法如下。

Step 01 根据 360° 环绕飞行的动作，顺时针飞一个圆圈。

Step 02 顺时针飞行完成后，立刻转换方向，通过向左或向右控制左遥杆，以逆时针的方向飞另一个圆圈。

7.2.4　向上向前飞行

向上向前飞行的动作需要结合左右手同时进行遥杆操作，才能达到向上的同时向前飞行。下面介绍具体的操作方法。

Step 01 开启无人机后，将左侧的遥杆缓慢的往上推，如图 7-23 所示，无人机即可向上飞行；将右侧的遥杆也缓慢的往上推，如图 7-24 所示，无人机即可向前飞行。

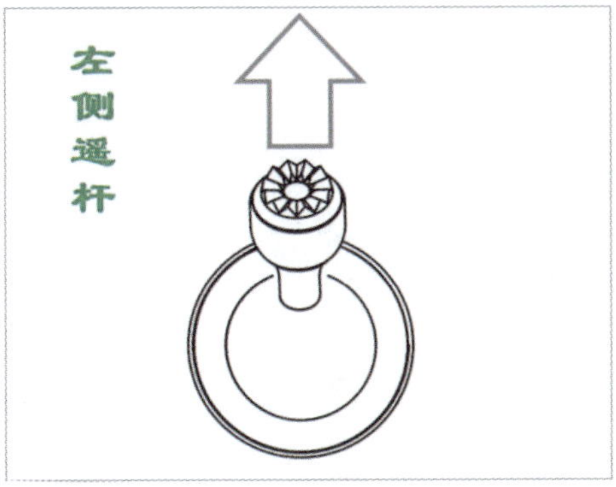

图7-23　将左侧的遥杆缓慢的往上推

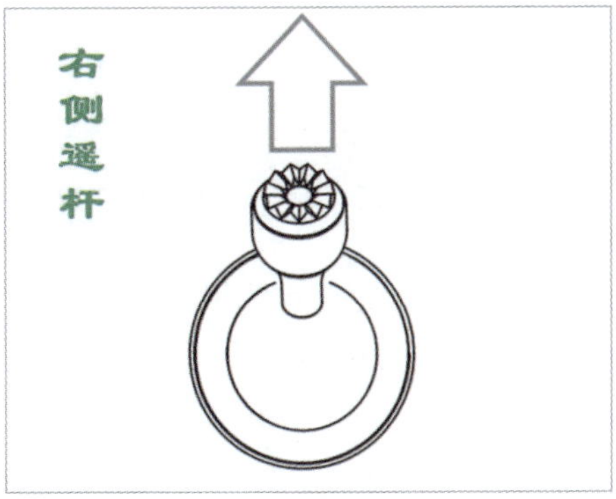

图7-24　将右侧的遥杆缓慢的往上推

Step 02 执行操作后，无人机即可实现向上向前的飞行效果，如图 7-25 所示。

图7-25 实现向上向前的飞行效果

7.2.5 后退拉高飞行

后退最常见的镜头就是在后退的时候可以拉高飞行，展现目标所在的一个大环境。图 7-26 是以后退拉高的手法拍摄名人故居风光，展现了当时拍摄的大场景。后退拉高镜头的具体操作如下。

Step 01 将右摇杆缓慢往下推动，无人机将慢慢后退，呈现出后退的镜头。

Step 02 将左摇杆缓慢往上推动，无人机将慢慢上升，呈现出后退拉高的镜头，航拍出当前所在的大环境背景，如图 7-26 所示。

图7-26 后退拉高飞行

7.2.6　穿越目标飞行

穿越目标飞行有比较高的难度，因为在穿越的过程中视线会受到一定的影响，但是拍摄出来的作品效果会非常好。例如，穿过山洞拍摄出后面的风景，飞行穿越速度够快，能给观众带来非常刺激的视觉感受。

图 7-27 为穿越目标飞行时拍摄的画面效果。无人机穿越城墙飞行，拍出了非常美的山峰效果。在拍摄这种飞行效果时，由于视线受阻，因此速度不要过快，后期可以通过视频剪辑软件来加快视频的播放速度，这样也能带来一定的视觉冲击力。

图7-27　穿越目标飞行时拍摄的画面效果

7.3　垂直 90°的俯视操控技术

本节主要介绍俯视航拍技巧，因为俯视视角只有航拍才能轻易实现，无人机完全垂直 90° 往下，在拍摄目标的正上方。俯视完全不同于别的镜头语言，因其视角特殊，人们第一次看到俯视镜头都会惊叹一声，被空中俯视的特殊景致所吸引。

7.3.1　俯视悬停飞行技巧

俯视悬停是指将无人机停在固定的位置上，云台相机 90° 朝下，一般用来拍摄移动的目标，如马路上的车流，水中的游船、游泳的人等，让底下的拍摄目标从画面一处进去，然后从另一处出去。下面展示一段俯视航拍的视频效果，如图 7-28 所示。

图7-28 俯视悬停拍摄的视频效果

7.3.2 俯视向前飞行技巧

镜头垂直向前的航线是指将镜头调整到与地面垂直 90°，然后保持直线向前飞行，如图 7-29 所示，这样的航线在拍摄道路的时候很有镜头感。

图 7-29 镜头垂直向前的航线

图 7-30 为俯视向前飞行拍摄的桥上的车流效果，无人机贴着桥的顶端飞过去。在展示某类

高楼大厦时，俯视时还可以贴着高楼飞过去，这样空间压缩感更强。

图7-30　俯视向前拍摄的视频效果

航拍这段俯视向前镜头的时候，只需要将无人机上升到一定的高度，然后拨动“云台俯仰”拨轮，实时调节云台的俯仰角度到垂直 90°，然后将右侧的摇杆缓慢的往上推，无人机即可俯视向前飞行。

7.3.3 俯视拉升飞行技巧

俯视拉升会让镜头画面越来越广，展示出一个大环境。拉升时无人机垂直向上飞行，逐步扩大视野，然后慢慢俯视地面景色，画面中不断显示周围的环境，如图 7-31 所示。

航拍这段俯视拉升镜头的时候，首先实时调节云台的俯仰角度到垂直 90°，然后将左侧的摇杆缓慢的往上推，无人机即可俯视拉升飞行。

图7-31 俯视拉升拍摄曾国藩故居

俯视拉升也可以称为一键冲天飞行，这样飞行的优点是可以营造出画面的大场景氛围，拍摄对象在画面中越来越渺小，与周围的环境形成了强烈的对比效果，这样的拍摄手法一般用于一段视频的结尾部分，如图 7-32 所示。

图7-32 云台镜头垂直 90° 朝下拉高机身

7.3.4 俯视旋转飞行技巧

俯视旋转的拍摄手法很简单，拨动遥控器背面的“云台俯仰”拨轮，将镜头垂直向下 90°；

左手向左或向右拨动摇杆，控制无人机左转或右转；右手也可以向左或向右拨动摇杆，将无人机的位置向左或向右微调。城市中的马路也是比较有线条美感的一种拍摄对象，马路上的车流、两侧的树木，都能在一定程度上吸引观众的眼球。通过将镜头垂直向下 90°，可以俯拍城市中的马路及车流，还可以展现出汽车行驶的动感画面，如图 7-33 所示。

图7-33　俯视旋转拍摄城市的马路及车流

7.3.5　俯视旋转下降飞行技巧

俯视旋转下降是指无人机在俯视旋转的时候，再加上下降的手法，使目标越来越近，显示越来越清晰。操控无人机时，首先拨动“云台俯仰”拨轮，实时调节云台的俯仰角度到垂直 90°，然后将左摇杆缓慢往下推动，无人机将慢慢下降，呈现出俯视下降的镜头，左摇杆往下推的同时，将左摇杆再靠左或靠右推一点，此时无人机将旋转下降，呈现出俯视旋转下降的镜头，如图 7-34 所示。

图7-34　俯视旋转下降拍摄的视频效果

7.3.6　俯视螺旋上升飞行技巧

俯视螺旋上升是指无人机自身旋转的同时，拉高机身，向上飞行，如图 7-35 所示。这种飞行方式可以增强画面的酷炫感，无人机缓慢向上飞行，拍摄主体越来越小，更好地呈现了拍摄环境与背景，体现了画面的空间感。

图7-35　无人机自身旋转的同时向上飞行

螺旋上升的操控方法与冲天飞行的方法类似，都是云台朝下，左手向上拨动油门摇杆的同时，缓慢往左或往右方向操控，此时无人机通过组合摇杆操作形成螺旋上升的效果。

7.4　无人机的高级飞行技术

7.4.1　由近及远环绕目标飞行

无人机进行环绕飞行时，通过操控左右遥杆，可以改变无人机与目标之间的距离，拉近或远离，远离表现环境，拉近表现目标本身。环绕镜头还可以改变高度，在环绕的同时拉升或下降无人机，这样的视频效果就要比常规的环绕要好看很多。图 7-36 为拍摄的一段环绕镜头的视频画面，在环绕的过程中，结合了后退拉高的拍法，改变了距离、高度与视角。

图7-36　拍摄的一段环绕镜头的视频画面

7.4.2　飞越主体再回转镜头

飞越是一种高级的航拍技巧，无人机朝目标主体飞去，以目标主体为中心，不停的降低相机的角度，最后变为俯视飞过目标。因为相机不停的在变化角度，画面充满了未知的力量，航拍镜头就十分有活力。如果能够做到飞越后再回转镜头，难度就非常大了，当然画面也更具有吸引力。图 7-37 为飞向建筑主体后俯视飞过的画面效果。

图7-37　飞向建筑主体后俯视飞过的画面效果

飞越飞行的操控方法如下。

Step 01　右手向上拨动前进摇杆，使无人机向正前方飞行。

Step 02　左手同时向内侧拨动云台俯仰拨轮，使云台缓慢朝下，摄像头始终对准目标。

Step 03　到达目标对象的上空后，飞越而过，然后将无人机进行 180° 转向，同时也要保持从前飞转至侧飞，然后再转至倒飞，最后再抬起摄像头，所有操控需要三轴联动，打杆全部要浅入浅出，速度一定要缓慢、均匀，这样画面才流畅。

7.4.3　使用变焦功能航拍风景画面

变焦镜头是指在拍摄的过程中，可以变换焦距，以此得到不同宽窄距离的视角，拍摄出大景别与小景别的对比效果，用户可以借助简单的直线飞行，让取景大小发生连续的变化。大疆的御 Mavic 2 变焦版无人机，就有变焦的功能，在拍摄的时候，可以根据需要切换景别的大小，分别采用远距离拍摄与近距离拍摄，体现视频画面的独特个性。如图 7-38 所示，就是采用了变焦功能，拍摄的不同景别的风景效果。

图7-38　采用变焦功能拍摄的不同景别的风景效果

7.4.4　使用摇镜扩大单一场景的表现力

摇镜是指当无人机悬停在空中的时候，可以通过操控偏航或云台俯仰角度来实现“摇镜”的运动效果，当用户拍摄同一场景的时候，采用“摇镜”的拍摄方式，可以扩大固定镜头的表现视野，使画面空间展示得更加全面、完整。如图 7-39 所示为采用“摇镜”的航拍方式拍摄的海景效果，场景更加壮丽、辽阔。

图7-39　采用“摇镜”的航拍方式拍摄的海景效果

采用“摇镜”的方式航拍视频或照片时，摇杆的速度一定要慢，只需要略微地向左或向右拨动偏航杆即可，让无人机延顺时针或逆时针方向旋转。

7.4.5　使用多角度跟随主体目标对象

多角度跟随拍摄，可以更好地展示拍摄主体的视角，在跟拍的过程中如果能切换不同的角度，可以使画面更加生动、形象，更具有吸引力，通过运动的镜头可以使观众产生代入感，在多角度跟拍的过程中，如果再结合环绕跟随镜头，可以更好的突出画面的空间延伸感，使拍摄主体与当时的环境产生关联因素。

如图 7-40 所示，这段多角度跟随拍摄的人物，就很好的展示了画面的空间延伸感，在跟拍的过程中采用了环绕跟随镜头，让画面更具吸引力。

图7-40　多角度跟随拍摄的人物

7.4.6　“一镜到底”长镜头的拍摄方法

“一镜到底”的拍摄方式是指一个连续的长镜头，中间没有任何断片的场景出现，拍摄难度较大，但在一些电视剧或者电影中，经常会看到这样的航拍场景。如图 7-41 为采用“一镜到底”的方式拍摄的长沙梅溪湖音乐喷泉。

图 7-41　航拍梅溪湖音乐喷泉

上面这段梅溪湖的音乐喷泉视频，首先将镜头对准喷泉的中心位置，然后将摇杆同时向内打杆，速度要缓慢、匀速，此时无人机将围绕音乐喷泉的中心进行环绕飞行。

7.5　设置航点和飞行路线

使用航点飞行功能时，首先需要添加航点和路线、设置航点参数以及设置航点类型，使添加的航点和航线符合飞行需要。本节主要介绍设置航点和飞行路线的操作方法。

7.5.1　添加航点和路线

使用无人机进行航点飞行之前，首先需要学会如何添加航点，设计飞行路线。下面介绍具体操作方法。

Step 01 起飞无人机后，在飞行界面中点击左侧的“智能模式”按钮，在弹出的界面中点击“航点飞行”按钮，如图 7-42 所示。

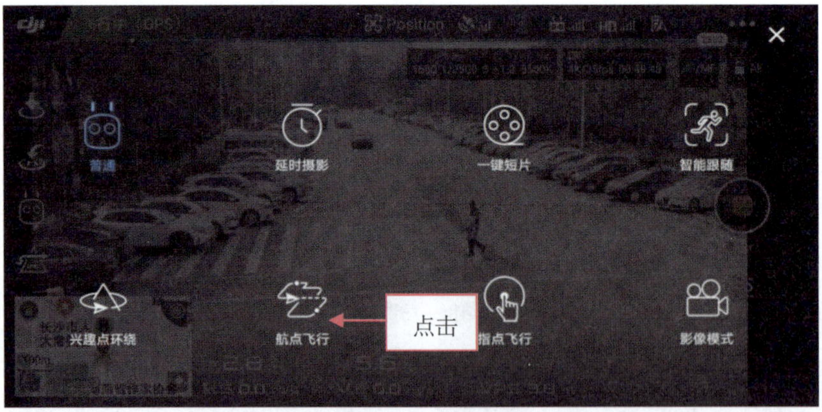

图 7-42　点击“航点飞行”按钮

Step 02 进入操作引导界面，如果无人机是第一次进行航点飞行，建议用户多花一点时间看一下引导视频，里面有航点规划的详细引导，如图 7-43 所示。

图7-43　进入操作引导界面

Step03 点击右上角的“退出引导”按钮，退出引导界面，进入航点规划界面，用户就可以开始规划和设计航点了。❶在界面上点击航点按钮，使其高亮显示；❷然后在地图上的相应位置直接点击，即可添加航点，如图 7-44 所示。

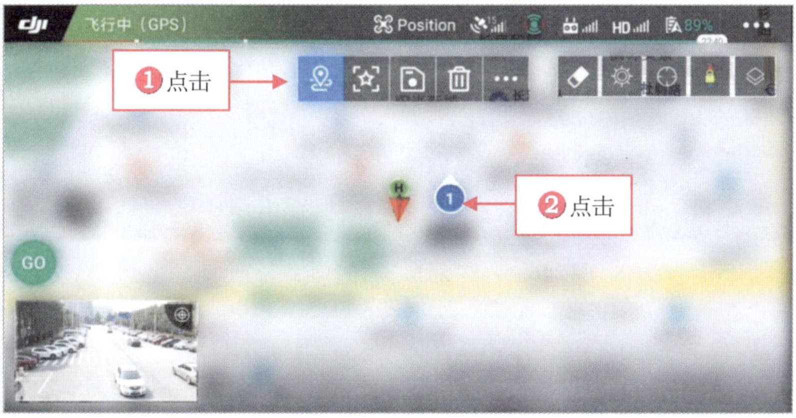

图7-44　添加的第 1 个航点

Step04 点击界面左下角的飞行窗口，切换预览模式，开始飞行无人机，将无人机飞到第 2 个航点的位置后，按下遥控器上的 C1 键，即可添加第 2 个航点信息，如图 7-45 所示，这是直接利用当前无人机的画面获得最准确构图的快捷操作方法。

图7-45　添加第 2 个航点信息

▶ 专家指点

航点规划，就是在地图上预先设定无人机要飞行经过的航点，航点包含了无人机的高度、朝向和云台俯仰角。当无人机执行航点飞行后，在经过航点时会智能自动调整至预先设定的高度、朝向和云台俯仰角，而且一定是以顺滑的方式在两个航点之间切换三个参数，这也就是为什么航点飞行拍摄出来的视频如此顺滑的主要原因。

Step 05 继续使用上述相同的方法进行飞行、操控并添加航点信息，在地图上一共添加了 3 个航点位置，如图 7-46 所示。

图7-46　一共添加了 3 个航点位置

7.5.2　设置航点的参数

当用户在相关位置添加航点后，接下来可以修改航点的参数，只需要在地图上点击相应的航点数字，即可弹出设置面板，❶这里点击航点 1，如图 7-47 所示；❷在弹出的面板中可以设置飞行的高度、速度、飞行朝向、云台俯仰角、相机行为以及关联兴趣点等属性，使无人机按照设定的参数进行飞行。用户可以使用相同的操作方法，设置其他的航点参数。

图7-47　修改航点的参数

7.5.3　设置航线的类型

在“航点飞行”模式中包括两种航线类型：一种是折线型；另一种是曲线型。折线型是指无人机按照直路线径飞行；曲线型是指无人机的飞行航线呈曲线状，而不是直线状。下面介绍修改航线类型的操作方法。

Step 01　进入航点规划界面，点击上方的设置按钮⋯，弹出浮动面板，点击“航线设置”按钮，如图 7-48 所示。

图7-48　点击“航线设置”按钮

Step 02　进入“航线设置”界面，在“航线类型”右侧点击“折线”按钮，即可将“航线类型”设置为“折线”，如图 7-49 所示。

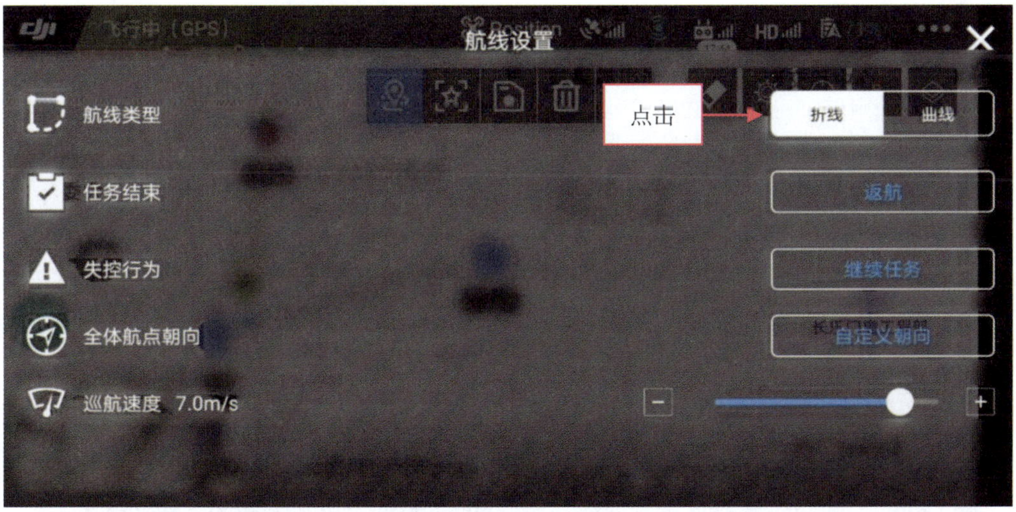

图7-49　点击“折线”按钮

▶ 专家指点

系统默认情况下，都是折线型的航线类型，无人机可以精准抵达相应位置，并设定每一个航点，也是用户使用得最多的一种航线类型。

Step 03 点击“曲线”按钮，将弹出提示信息框，提示用户在该类型下无法自动执行航点设置中的“相机动作”，点击“确定”按钮，如图 7-50 所示，即可更改航线类型。

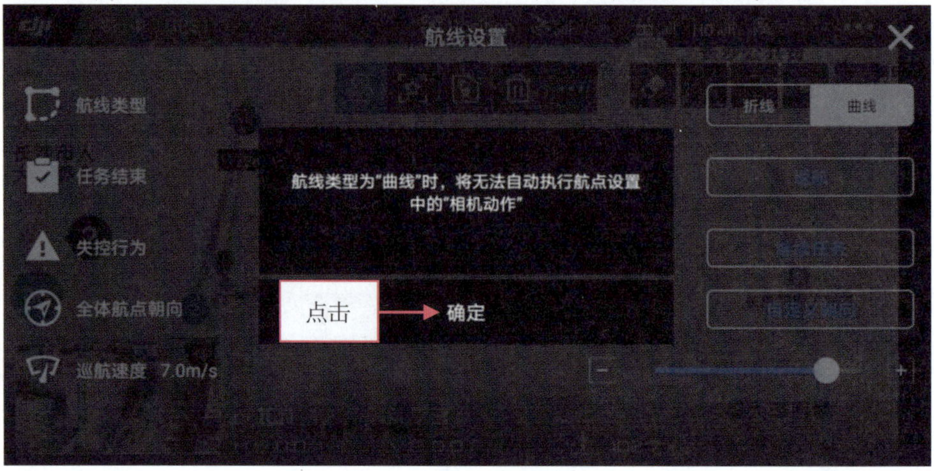

图7-50　点击“确定”按钮

7.6　设置无人机的朝向和速度

当用户在地图上添加好航点和路线后，接下来介绍设置无人机飞行时的朝向和速度，并添加相应的兴趣点。

7.6.1　自定义无人机的朝向

飞行朝向默认是自定义朝向，也就是航点设置的无人机朝向，使画面构图更加精准。 在“航线设置”界面中，点击“全体航点朝向”右侧的“自定义朝向”按钮，弹出列表框，其中包括“自由”“自定义朝向”和“跟随航线”三种类型。“自由”是指用户可以一边飞行一边控制朝向；“跟随航线”是指无人机对准航线向前的方向飞行；选择“自定义朝向”选项，如图 7-51 所示，即可在航点飞行中自定义无人机的朝向。

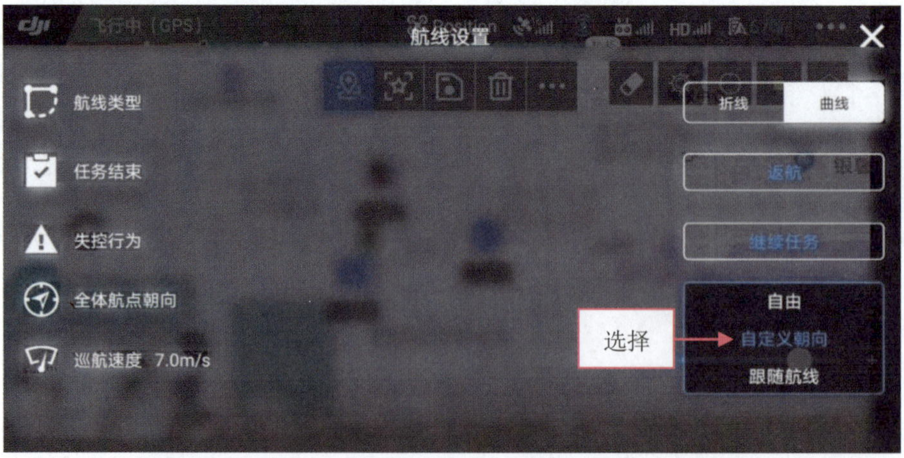

图7-51　“自由”“自定义朝向”和“跟随航线”三种类型

7.6.2　设置统一的巡航速度

在“航线设置”界面中，拖曳“巡航速度”右侧的滑块，可以设置无人机的巡航速度，如图 7-52 所示。

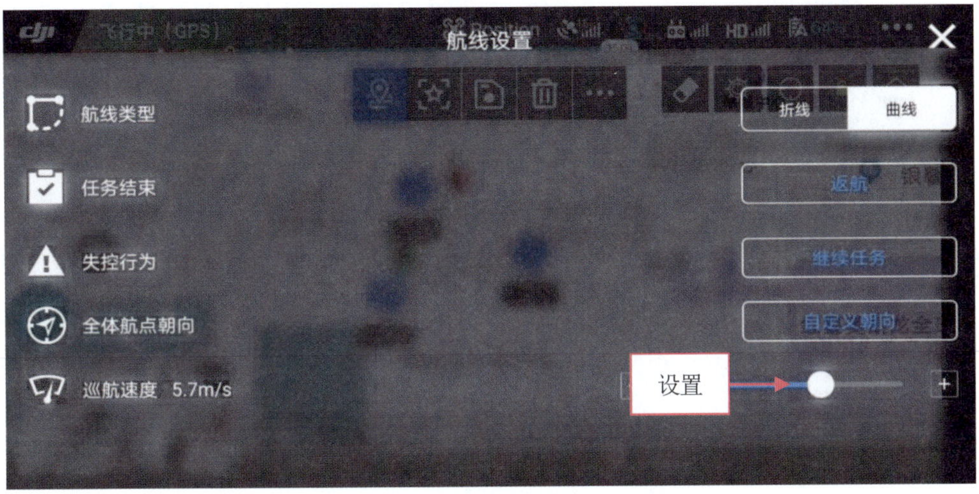

图7-52　设置无人机的巡航速度

7.6.3　添加兴趣目标点

兴趣点是指拍摄的目标点，无人机在飞行的过程中，镜头自动对准兴趣点。设置兴趣点的方法很简单，下面进行简单介绍。

Step 01　点击上方的“兴趣点”按钮，此时该按钮呈高亮显示，如图 7-53 所示。

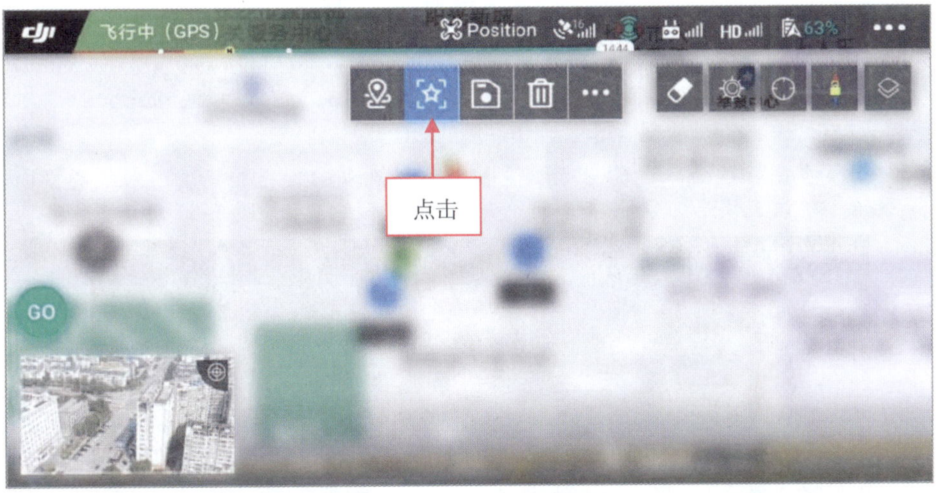

图7-53　点击“兴趣点”按钮

Step 02　用手指在屏幕上的相应位置点击，即可添加兴趣点，兴趣点可以任意添加多个，以紫色的数字图标显示在地图上，如图 7-54 所示。当兴趣点设置完成后，用户需要在航点设置中“关联兴趣点”，在执行航线飞行的过程中，无人机的镜头朝向会按航点设置的关联兴趣点一直对着兴趣点的方向，添加兴趣点之后，点击兴趣点的数字，在弹出的面板中可以设置兴趣点的属性和参数。

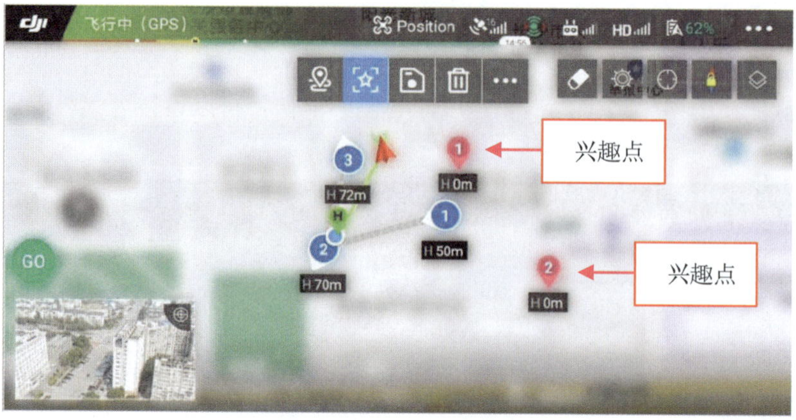

图7-54　添加兴趣点

7.6.4　按照航点飞行无人机

当规划好一系列的航点路线后，接下来即可按照航点飞行无人机，具体步骤如下。

Step 01 在规划界面中，点击左侧的“GO”按钮，如图 7-55 所示。

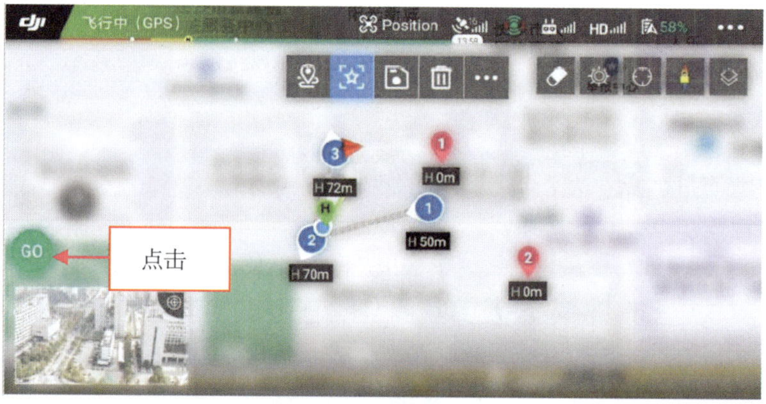

图7-55　点击左侧的“GO”按钮

Step 02 进入“任务检查”界面，在其中可以设置全体航点朝向、返航高度、航线类型以及巡航速度等属性，确认无误后，点击下方的“开始飞行”按钮，如图 7-56 所示。

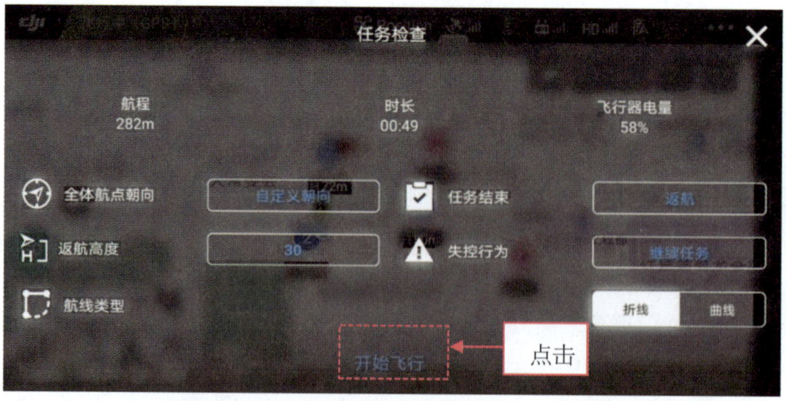

图7-56　点击下方的“开始飞行”按钮

Step 03 执行操作后，此时无人机将飞往第一个航点的位置，如图 7-57 所示，当无人机到达第一个航点位置后，接下来将根据航路线径自动飞行，完成新的一轮飞行计划。

图7-57　无人机将飞往第一个航点的位置

7.7　保存、载入与删除航点信息

对于航点飞行路线，用户可以进行保存、载入与删除等操作，如果下次需要飞行相同的路线，只需要重新载入相应的航点路线即可。本节主要介绍管理航点飞行路线的操作方法。

7.7.1　保存航点飞行路线

当用户规划好航点飞行路线之后，可以将该路线进行保存，方便以后载入相同的飞行路线进行航空任务。下面介绍保存航点飞行路线的操作方法。

Step 01 在规划界面中设计好航点飞行路线，点击上方的设置按钮（也可以直接点击上方的“保存”按钮），如图 7-58 所示。

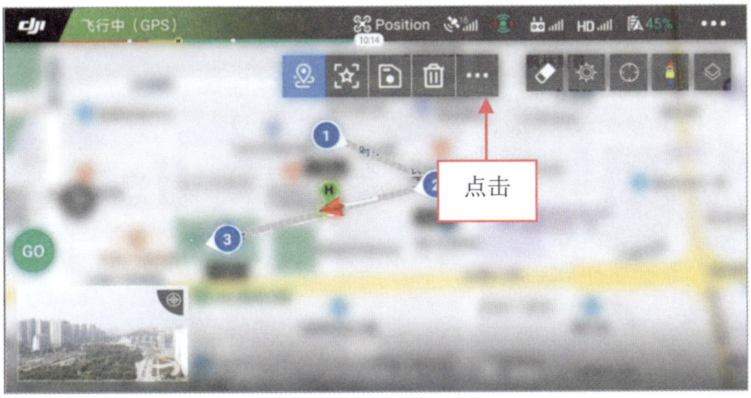

图7-58　点击上方的设置按钮

Step 02 弹出浮动面板，点击“保存任务”按钮，如图 7-59 所示。

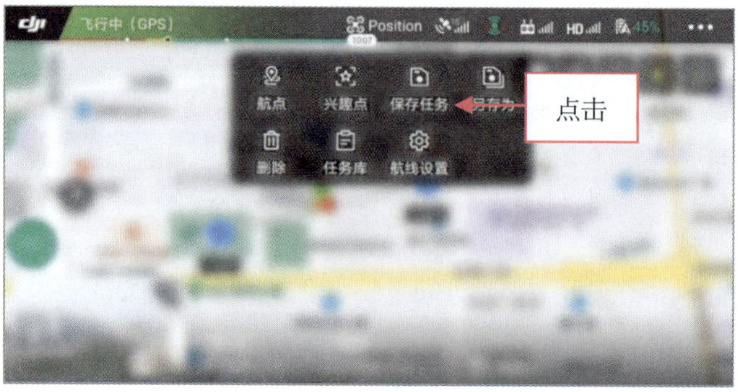

图7-59　点击“保存任务”按钮

Step 03　即可保存航点飞行路线，界面中提示“任务保存成功”的信息，如图 7-60 所示。

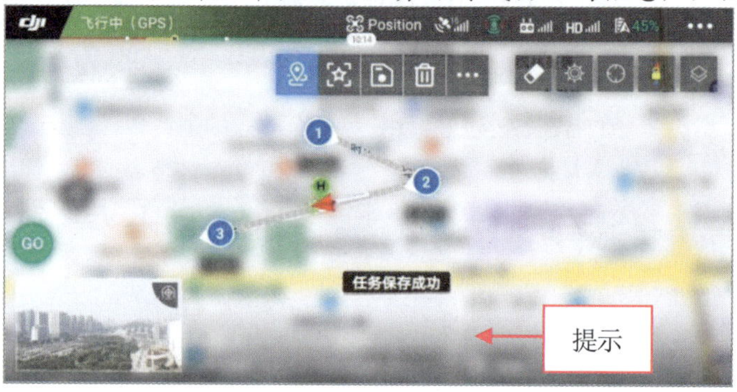

图 7-60　界面中提示“任务保存成功”的信息

7.7.2　载入航点飞行路线

当需要让无人机飞行之前相同的航线时，此时只需要将上一次保存的航点飞行路线重新载入，即可再次飞行一遍原先的航线。下面介绍载入航点飞行路线的操作方法。

Step 01　在规划界面中设计好航点飞行路线，点击上方的设置按钮…，弹出浮动面板，点击“任务库”按钮，如图 7-61 所示。

图7-61　点击“任务库”按钮

Step 02　进入“任务库”界面，其中显示了之前保存的飞行路线，点击右侧的“载入”按钮，如图 7-62 所示。执行操作后，即可载入航点飞行路线。

图7-62　点击右侧的“载入”按钮

7.7.3　删除航点飞行路线

删除航点飞行路线时，分为两种情况，一种是删除某条航线中的某个航点；另一种是删除所有的航点飞行路线，下面对这两种情况进行分别介绍。

1．删除某个航点飞行路线

如果用户只是想删除某条航线中的某个航点，此时可以参照以下方法进行操作。

Step 01　在航点规划界面中，点击需要删除的航点，这里点击数字 3，如图 7-63 所示。

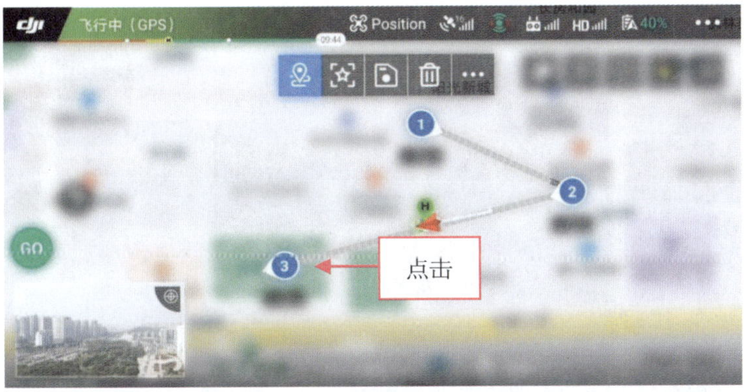

图7-63　点击需要删除的航点

Step 02　执行操作后，进入“航点 3”的详细规划界面，点击左上方的“删除”按钮，如图 7-64 所示。

图7-64　点击左上方的“删除”按钮

Step 03 执行操作后，即可删除“航点 3”的飞行路线，此时规划界面中只剩下两个航点信息，如图 7-65 所示。

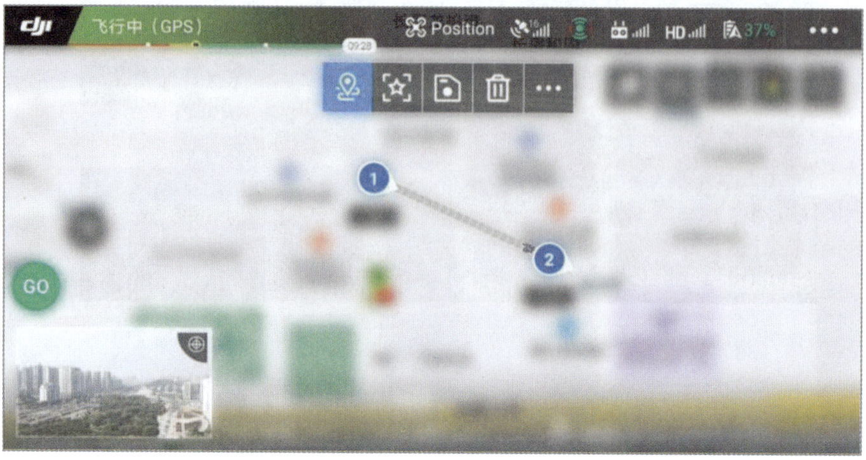

图7-65　规划界面中只剩下两个航点信息

2．删除所有航点飞行路线

删除所有航点飞行路线的操作方法很简单，❶只需要在界面上方点击“删除”按钮，弹出提示信息框，提示用户是否删除所有航点及兴趣点；❷点击“确认”按钮，如图 7-66 所示，即可删除地图上的所有航点信息。

图7-66　提示用户是否删除所有航点及兴趣点

本章小结

本章主要介绍了无人机的操控技术，包括六组适合新手的飞行动作、六组进阶提升类飞行动作、垂直 90° 的俯视操控技术、无人机的高级飞行技术、设置航点和飞行路线、设置无人机的朝向和速度以及管理航点信息（保存、载入与删除航点）等内容。通过对本章的学习，读者可以熟练掌握基本的飞行技术，有助于新手更好地操控无人机。

习题 7

1. 简述无人机原地 360°转圈的飞行步骤。
2. 简述无人机后退拉高飞行的操控步骤。
3. 简述无人机俯视向前飞行的操控技术。
4. 简述无人机飞越主体再回转镜头的操控技术。
5. 简述如何在飞行界面中添加航点和路线。
6. 简述如何载入之前保存的航点飞行路线。
7. 简述图 7-67 视频镜头的飞行方式。该如何操控无人机？

图 7-67　视频镜头

第 8 章　自动飞行无人机

【本章导读】

无人机包括普通手控无人机和编程自动飞行无人机，两者在技术和应用方面有很大的区别。普通手控无人机通常是指通过遥控器或手机 APP 进行控制的无人机。编程自动飞行无人机则是一种可以通过编程实现自主飞行的无人机。这种无人机通常配备有各种传感器和控制器，可以通过编程来实现各种复杂的飞行动作和任务，如空中拍摄、环境监测、物流配送等。与普通无人机相比，编程自动飞行无人机具有更高的技术含量和更广泛的应用前景。

【本章重点】

- 编程自动飞行无人机的组成及基本操作。
- 编程自动飞行无人机软件基础使用。
- 编程程序编写。
- 编程自动飞行无人机的编队飞行。

【素质目标】

- 培养学生的创新思维能力，激发想象力和创造力。编程自动飞行无人机需要学生运用逻辑思维和创造性思维来设计和实现飞行路径、任务和行为。
- 引导学生学会收集、分析、整理参考资料的技能，培养对新技术信息的掌握能力。

8.1　自动飞行无人机的组成及基本操作

通过前面章节中内容的学习，认识了多种不同类型的手控无人机，接下来一起走进自动飞行无人机，通过编程来控制无人机执行任务。

8.1.1　自动飞行无人机的组成

自动飞行无人机由动力系统、飞控系统、支撑与外观系统三部分组成，如图 8-1 所示。

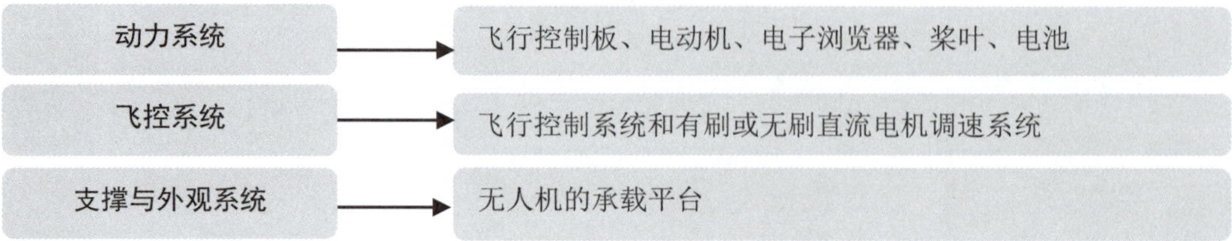

图8-1　自动飞行无人机的组成

1．动力系统

自动飞行无人机动力系统的组成如图 8-2 所示。

飞行控制板	飞行控制板是飞机的大脑，处理飞机飞行过程中的所有数据来控制飞机的姿态
电动机	小型四旋翼无人机（轴距≤250 mm）大都选用 KV2000 内的（配 5～6 寸浆）的电机
电子调速器	简称“电调”，针对电机不同可分为有刷电调和无刷电调，根据控制信号来调节电动机的转速
桨叶	桨叶与电动机的搭配主要是从机架大小、能否提供足够动力这两方面进行考虑
电池	现在大部分无人机都使用锂电池，主要考虑电池的容量、放电速率、自身质量

图 8-2　自动飞行无人机动力系统的组成

2．支撑和外观系统

支撑和外观系统是指无人机的承载平台。所有设备都是用机架承载起来飞上天的，所以无人机架的好坏，很大程度上决定了无人机的使用寿命。衡量一个机架的好坏可以从固程度、使用方便程度、元器件安装是否合理等方面考察。

现在厂家的无人机多数为多轴无人机的形式，机架的组成大同小异，主要有中心板、力臂、脚架等组成，结构比较简单。多轴无人机的轴数从两轴开始，到十多轴都有，常见的是以 4、6、8 轴为主，轴数越多，螺旋染越多机架的负载越大，结构也越复杂。

3．飞行控制系统

四旋翼无人机的控制系统分为两个部分，飞行控制系统和有刷或无刷电机调速系统。飞行控制系统通过 IMU 惯性测量单位（由陀螺传感器和加速度传感器组成）检测飞行姿态，通过无线通讯模块与地面遥感器通讯。四个无刷直流电机调速系统总线与飞行控制器通信，通过四个无刷直流电机的转速来改变飞行姿态，整个系统采用低压电池供电。

8.1.2　飞虹无人机的组成

飞虹无人机的组成部分包括：保护罩、桨叶、电机、飞行控制板、视觉识别模块、光流模块、激光模块。视觉识别模块、光流模块、激光模块在无人机飞行过程中都发挥着不同的作用。图 8-3 为飞虹自动飞行无人机的三大模块。

视觉识别模块：可识别系统自带标签，能够完成巡线、跟踪、颜色识别等任务，支持 Python 编程，可做二次开发。

光流模块：支持光流定位，自动测量无人无人机飞行距离。

激光模块：可自动测量无人无人机的飞行高度。

图 8-3　飞虹自动飞行无人机的三大模块

飞虹自动飞行无人机还拥有很多接口，每个接口也拥有不同的作用，如图 8-4 所示。

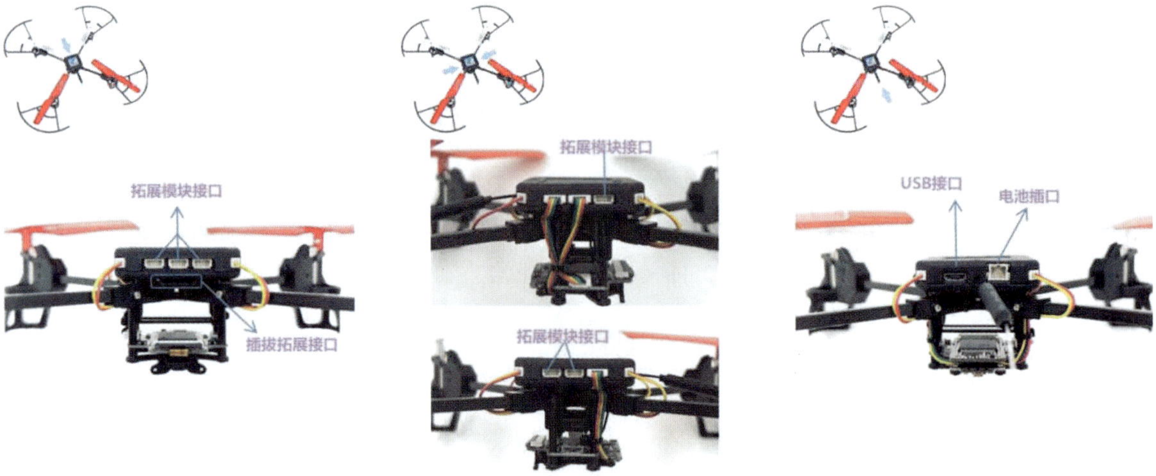

图 8-4　飞虹无人机的接口

8.1.3　自动飞行无人机的基本操作

1. 手动飞行

支遥控器是无人机无人机收发控制指令的重要设备，用于遥控控制无人机。遥控器包括发射机和接收机两个部分。通过控制摇杆改变通道信号值，从而控制无人机的飞行动作。

（1）中国手

遥控器的左摇杆控制无人机向前向后、向左向右飞行；右摇杆控制无人机的上升下降、顺时针/逆时针旋转。

（2）美国手

遥控器的左摇杆控制无人机上升下降、顺时针/逆时针旋转;右摇杆控制无人机向前向后、向左向右水平飞行。由于早期使用这种操作模式的航模用户主要集中在美国，因此被称为“美国手”。

（3）日本手

遥控器的左摇杆控制无人机的向前向右飞行、顺时针/逆时针旋转遥控的右摇杆控制无人机的上升下降、向左向右飞行，这主要是因为早期航模使用的遥控器多为日本产品。

2．自动飞行

无人机的自动飞行是先通过地面站上软件进行航线规划，然后通过电台传输至飞控中，从而控制无人机沿着预定的航线在指定的时间内正确地引导无人机至目的地，实现自主起飞、巡航、降落。

8.1.4　飞虹无人机的操控方式

飞虹无人机一般情况下为美国手，若需要切换为日本手，在图形化编队软件中可以进行修改。

遥控器左摇杆控制无人机的上升下降、顺时针/逆时针旋转；右摇杆控制无人机向前向后、向左向右水平飞行。遥控器左摇杆向左轻推，无人机机头向左旋转反之向右旋转；遥控器右摇杆向左轻推，无人机机身向左飞行反之向右飞行；遥控器右摇杆向前轻推，无人机机身向前飞行反之向后飞行。飞虹编程自动飞行无人机遥控器，如图 8-5 所示。

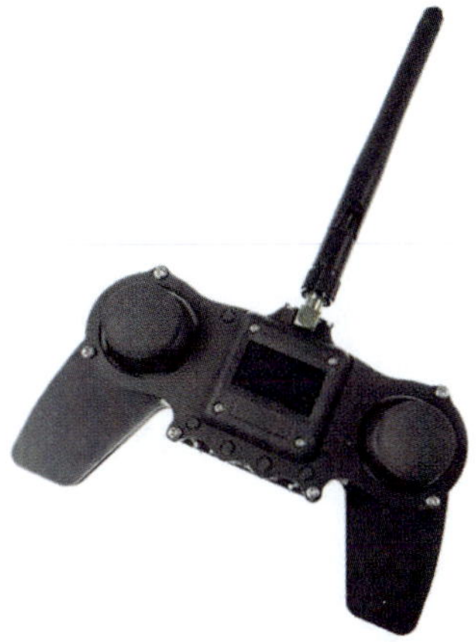

图8-5　飞虹编程自动飞行无人机遥控器

8.2　运用图形化编程软件控制无人机

本节主要介绍用图形化编程软件控制无人机自主完成任务。空中交通服务主要由三个部分组成，即空中交通管制服务、飞行情报服务和告警服务。

8.2.1　编写 Scratch 程序

Scratch 是由美国麻省理工学院开发的一种图形化编程工具，通过它可以轻松创作交互式故事、动画、游戏、音乐和艺术。Scratch 将程序语言设计成一块块积木，只需要采用拖拉的方式将积木堆叠起来，就可以轻松的创作出程序。

1．Scratch 界面

Scratch 的主界面由舞台区、角色区、指令区、脚本区四部分组成，各部分所在位置如图 8-6 所示。

（1）指令区

指令区由十大模块组成，每一模块由不同颜色来进行标识，每个模块中包含由多条功能不同的语句。

图 8-6　Scratch 主界面

（2）角色区

角色区是用于显示在舞台上出现的角色。在本区域右上角，还有四个按钮用来创建新角色。当角色创建完成后，角色的缩略图将显示在本区域。

（3）脚本区

当角色创建完成后，就要用到脚本区。对角色设定指令，对角色造型进一步修改，或者声音设定都要在脚本区域内完成。区域的上部显示了当前选定角色以及这个角色的当前坐标、当前方向等内容。如果需要修改角色名称，可以直接修改角色后面文本框中的内容。

（4）舞台区

舞台区是角色表演的地方。所有设计都将在这里显示结果。需要注意的是在区域右下方显示的是当前鼠标坐标值。这个坐标值很有用，有些时候要用到这个值做为设计的参考。

2．Scratch 角色与背景

Scratch 软件被打开以后，默认的角色是一只顽皮的小猫，默认的背景是空白的。更换角色的步骤如下。

Step 01　点击新建角色图标，如图 8-7 所示。

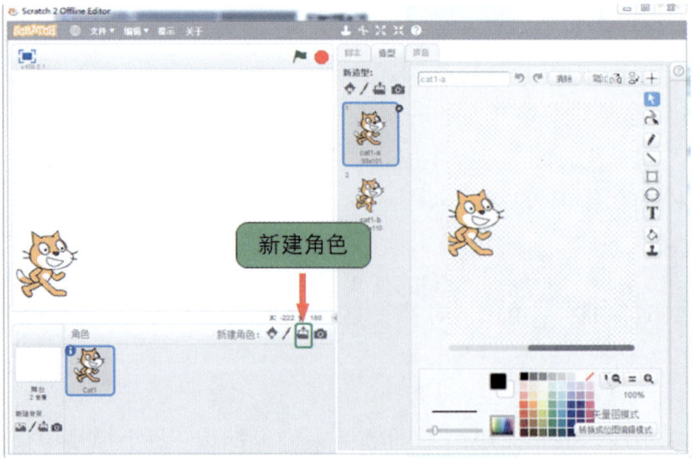

图 8-7　新建角色图标

Step 02　在弹出的角色库中，选择喜欢的角色并点击“确定”按钮。此时，选中的角色就会出现在舞台区与角色区，如图 8-8 所示。

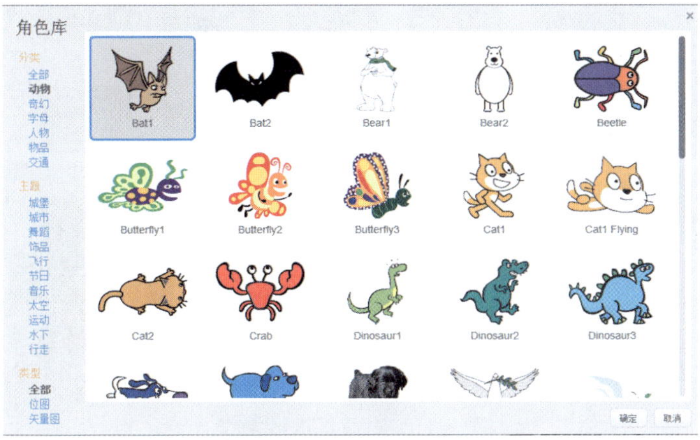

图 8-8　角色库

Step 03　选中角色区的角色，将鼠标移动到角色上方，点击鼠标右键，可对角色进行复制、删除、保存、隐藏等操作，如图 8-9 所示。

图 8-9　对角色进行操作

更换舞台的步骤如下。

Step 01　点击对应图标以更换舞台，如图 8-10 指示。

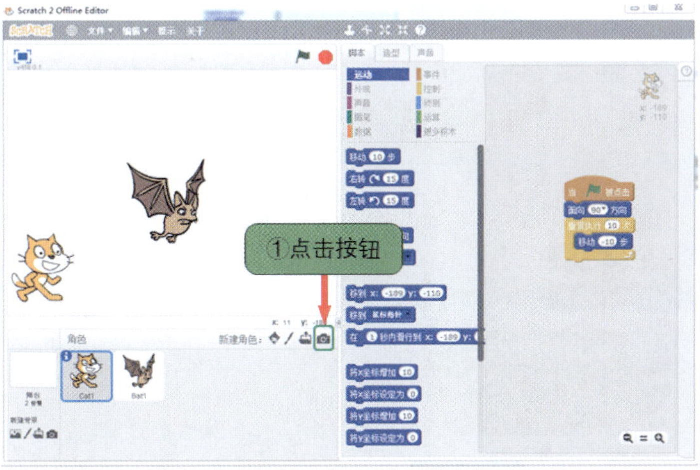

图 8-10　更换舞台操作

Step 02　在弹出的背景库中，选择喜欢的背景并点击“确定”按钮。此时，选中的背景就会出现在舞台区，如图 8-11 所示。

图 8-11　对背景进行操作

8.2.2　搭建 Scratch 程序

1．搭建脚本（图 8-12）

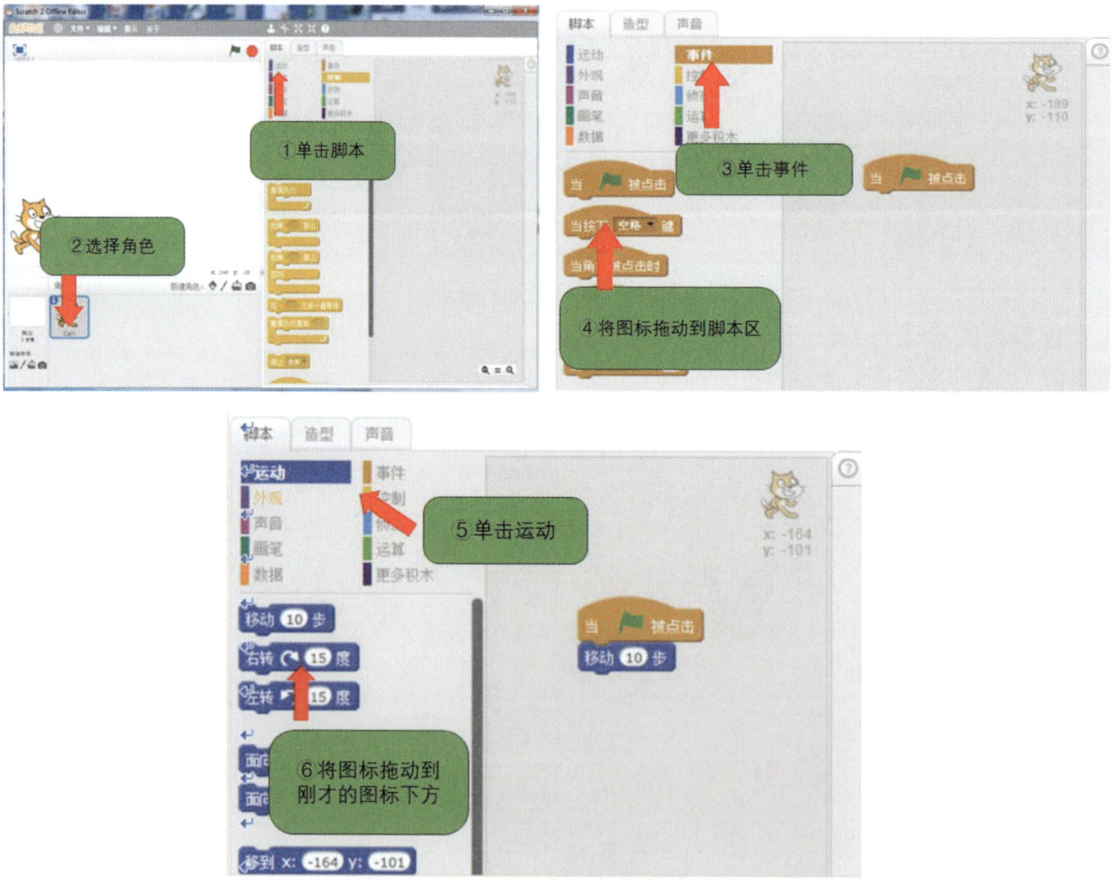

图 8-12　搭建脚本

使用鼠标点击舞台区上方的  图标，观察小猫是否移动了位置。

2．加入更多元素

上述小猫在移动过程显得非常的单调，接下来添加更多模块让小猫变得更加有趣。

（1）连续使用鼠标点击舞台区上方 图标，观察小猫移动效果。发现小猫移动过程中，小猫造型会发生改变，小猫的移动变得更加自然，如图 8-13 所示。

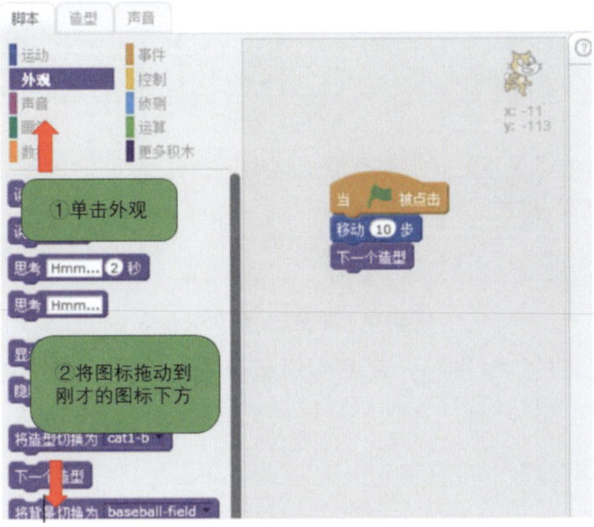

图 8-13　添加小猫造型

（2）除了添加小猫造型的变化，还可以让小猫在移动过程中说话。连续使用鼠标点击舞台区上方 图标，观察程序运行效果，如图 8-14 所示。

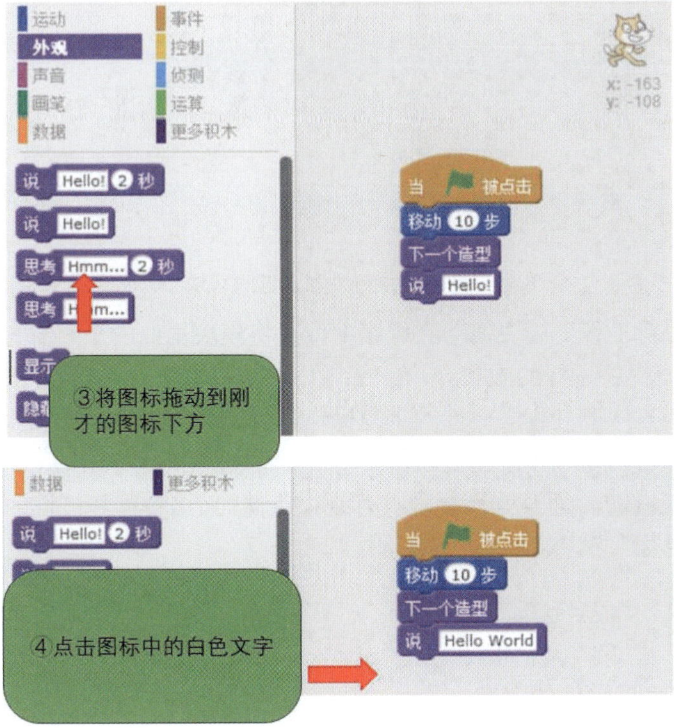

图 8-14　在移动过程中说话

（3）小猫移动效果需要连续不断运行程序才能得到比较好的效果，可以将控制模块中的“重复执行 10 次”模块拖动到相应位置，并将移动的模块放入“重复执行 10 次”模块中，如图 8-15 所示。

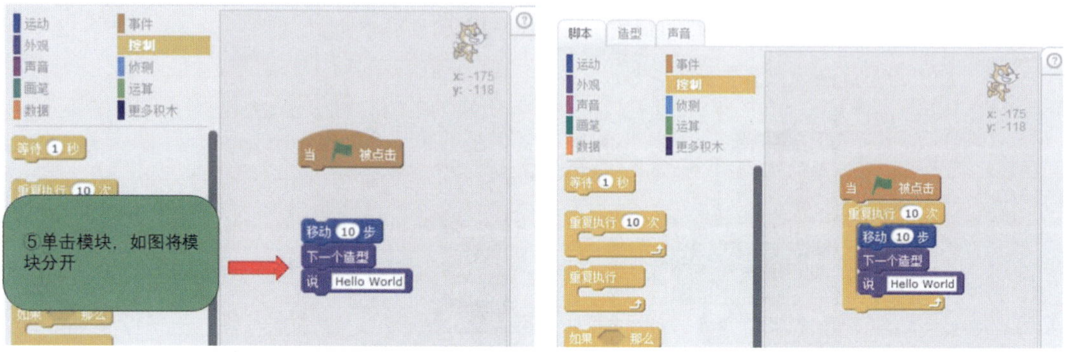

图 8-15　重复执行 10 次命令

（4）点击舞台区上方的 图标，观察程序运行的效果。可以发现，小猫移动速度以及造型变化太快了，这时可以加入延时模块，使小猫移动更为合理，如图 8-16 所示。

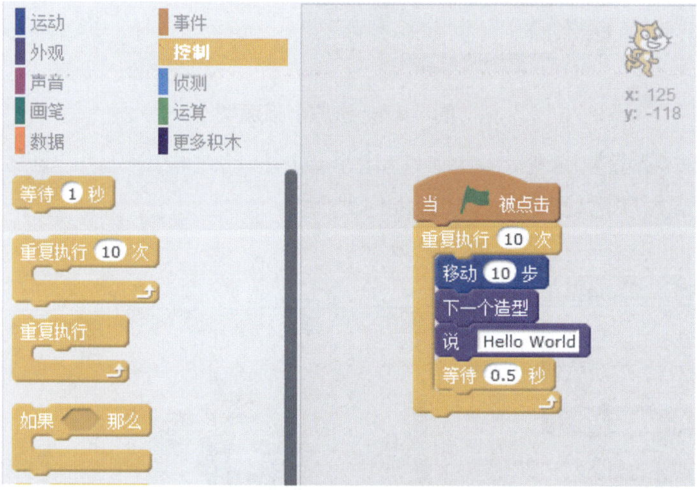

图 8-16　在重复执行中加入延时模块

将控制模块中的“等待 1 秒”模块拖动到程序中，并将模块里面的 1 s 修改为 0.5 s。点击舞台区上方的 图标，观察程序运行的效果。

在不少实际问题中，有许多具有规律性的重复操作，因此在程序中就需要重复执行某些语句。这些被重复执行的语句称之为循环体。在上述例子中，程序循环执行 10 次以后就会执行下一条语句，所以该循环是有终止条件的。而有些循环是没有终止条件的，这种循环被称为死循环。如 Scratch 中控制模块中的“重复执行”模块。

8.2.3　创想教育图形化编程软件

1．创想教育图形化编程软件的安装

（1）在创想教育官方网站下载文件压缩包，如图 8-17 所示。打开“图形化编程软件”文件夹。

图 8-17　下载文件压缩包

（2）安装“AdobeAIRInstaller.exe”软件，再安装“CX_FGS.exe”软件，如图 8-18 所示。请注意安装顺序不能错。安装完成后打开“CX_FGS.exe”软件，并打开“helloFly.sb2”工程文件。

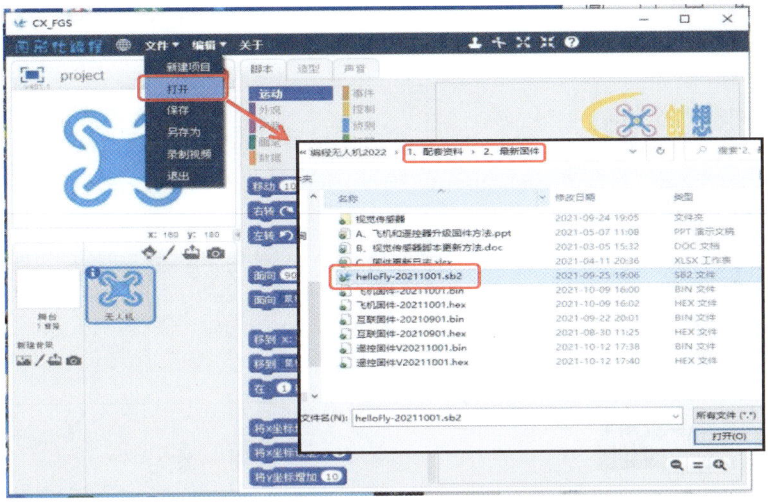

图 8-18　安装“CX_FGS.exe”软件

（3）再点击“更多积木”，就可以看到飞机编程需要用到的积木块，如图 8-19 所示。如果显示有红色的积木块，则需要重新打开。

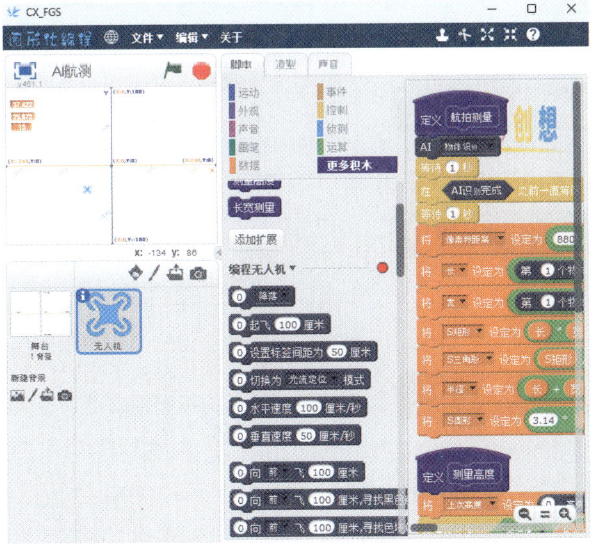

图 8-19　飞机编程需要用到的积木块

2．创想教育图形化编程软件中积木块的功能

每个积木块的前面都有一个数字，代表的是飞机的编号；例如，要 1 号飞机起飞 150 cm，可

以点击进行编写。表 8-1 为创想教育图形化编程软件中积木块的功能简介。

表 8-1 创想教育图形化编程软件中积木块的功能简介

积木块	功能简介
	控制飞机降落、刹车、悬停和急停，还能水平校准
	起飞指定高度（为避免忘记修改通信密码导致多台飞机和遥控之间串控，所以必须要先修改通信密码（不能使用默认的密码 12345678）才能使用这个积木控制飞机起飞）
	设置编队地图的标签间距
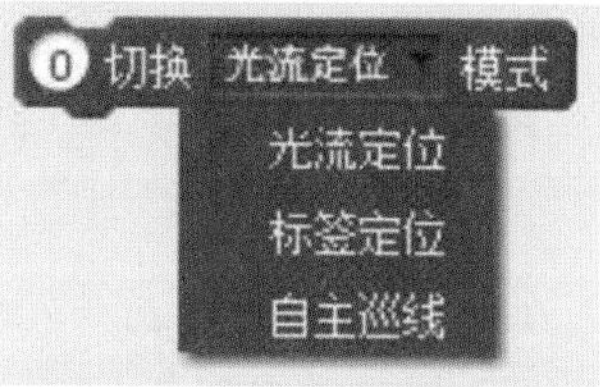	光流定位：只使用光流进行定位； 标签定位：使用光流+标签识别组合定位； 自主巡线：使用光流+黑线识别组合定位
	设置前后左右飞行的最大速度
	设置上升下降飞行的最大速度
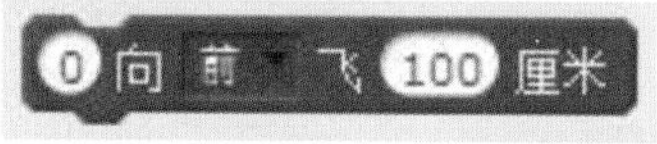	往指定方向移动设定的距离
	自动关闭标签定位模式和跟随模式，然后往指定方向移动设定的距离，途中如果识别到黑点则自动切换为黑点跟随模式并悬停在该黑点正上方
	自动关闭标签定位模式和跟随模式，然后往指定方向移动设定的距离，途中如果识别到色块则自动切换为色块跟随模式并悬停在该色块正上方
	自动关闭标签定位模式和跟随模式，然后往指定方向移动设定的距离（巡线模式下会自动沿着线飞行），途中如果识别到指定编号的标签则自动切换为标签定位模式并悬停在该标签正上方，并且机头方向和标签方向自动对齐（此时飞机只识别指定编号的标签，其他编号的标签将会被忽略）
	自动关闭标签定位模式和跟随模式，然后往指定方向移动设定的距离（巡线模式下会自动沿着线飞行），途中如果识别到指定编号的标签则自动切换为标签跟随模式并悬停在该标签正上方（此时飞机只识别指定编号的标签，其他编号的标签将会被忽略）

（续表）

积木块	功能简介
0 直达(0 , 0 , 100)	直达指定位置
0 直达 0 号标签，高度 100 厘米	直达指定编号的标签
0 从 当前 位置移动(0 , 0 , 0) 当前 目标	移动指定距离
0 设置当前位置为(0 , 0)	告诉飞机当前处于哪个位置
0 调整重心偏移(0 , 0)	外接模块后飞机的重心可能会偏移从而导致起飞后往某个方向飘移一段距离，可以用这个命令进行微调
0 旋转 0 度	自转指定角度，正数表示顺时针转，负数表示逆时针转（只能在光流定位模式下使用）
0 高度 80 厘米	调整飞行高度，建议高度值在 50～150 cm
0 向 左 翻滚 1 圈	向指定方向翻滚指定圈数，最大 2 圈
0 灯光(白色 , 常亮)	设置灯光颜色和模式
0 关闭灯光	关闭灯光
0 检测 黑点	打开黑点、黑线、标签、二维码或条形码检测
0 检测 0 号标签	只识别指定编号的标签，其他编号的标签将会被忽略此时如果需要识别所有标签，可以使用“检测标签”命令开启所有标签检测
0 检测 色块 (0 , 0 , 0 , 0 , 0 , 0) 色块 色线	检测指定颜色阈值的点或线

（续表）

积木块	功能简介
	判断是否检测到指定方向上的黑线
	锁定或解锁飞机的方向
	打开或关闭激光枪
	打开或关闭电磁铁
	设置舵机角度
	返回指定方向上的障碍物距离
	返回识别到的色块的长、宽和面积信息，长和宽的单位是 mm，面积的单位是 mm^2
	返回无人机各个传感器数据
以下积木块主要是与万物互联模块进行交互	
	打开或关闭开关
	返回电子秤的读数
	返回激光靶读数
	发送字符串消息
	返回消息内容
	清除消息内容

（续表）

积木块	功能简介
以下积木块主要是与 AI 图像识别模块进行交互	
	调整镜头的角度
	回传设定模式的图片，回传成功后，可以在“图形化编队”的工具→无线图传窗口查看
	判断图片是否回传成功
	保存图片到电脑
	启动 AI 识别算法
	判断 AI 识别是否完成
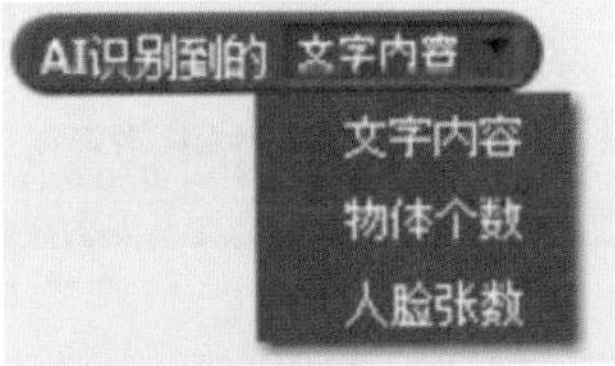	AI 识别到的内容
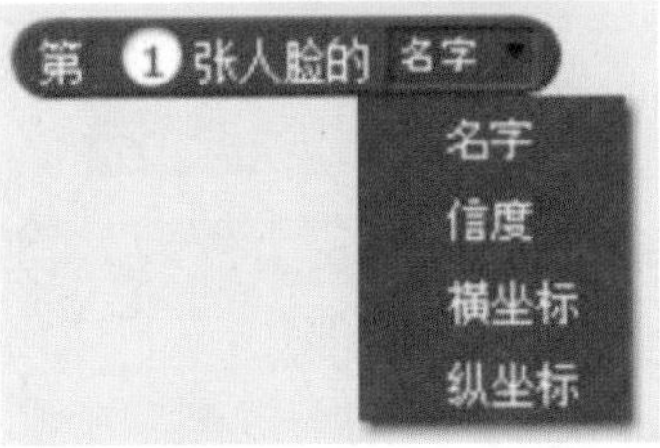	AI 人脸识别到的人脸信息
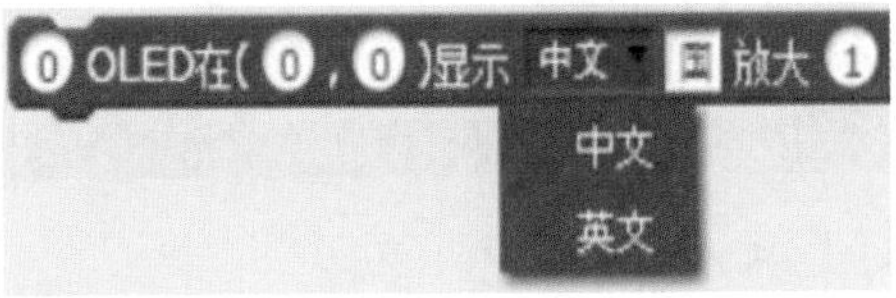	OLED 屏幕显示中文或者英文，中文模式下每次只能显示一个汉字，英文模式下每次最多可以显示 7 个字母；显示的位置最大值是（127，64），如果输入的数超过最大值，将会居中显示

（续表）

积木块	功能简介
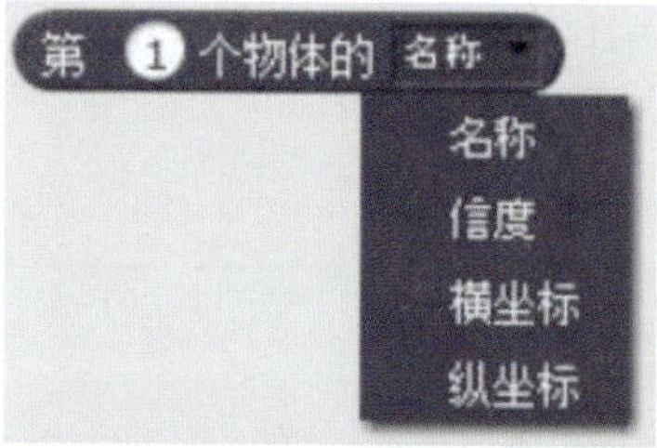	AI 物体识别到的物体信息
	红外发送 16 进制数据
	OLED 清屏和显示生效
以下积木块主要是与机械臂进行交互	
	—
	—
	—
	—

3．创想教育图形化编程程序飞行准备

在飞机起飞之前，先把遥控器连接到电脑上并打开“图形化编队”软件，如图 8-20 所示。一切准备就绪后，把飞机放在地面上，双摇杆下拉两秒进行水平校准，再点击绿色小旗子就可以自动起飞运行程序。

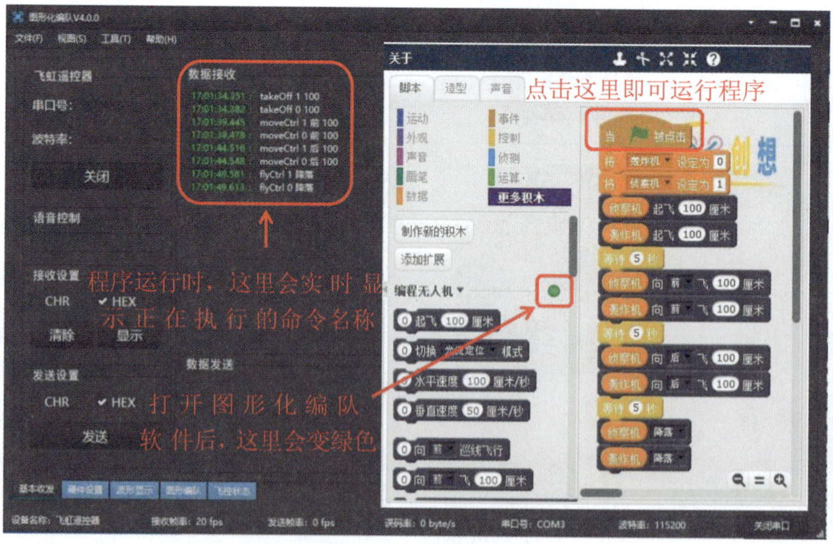

图 8-20　打开“图形化编队”软件

8.2.4　飞虹无人机的编程程序

图 8-21 中为 CX-FGS 软件，右侧的程序为飞虹无人机的起飞示例程序，其中黑色的积木块为拓展积木块，黄色的为控制时间的模块。它们可以控制指令所需要用到的时间，如起飞等待 3 s，表示 3 s 的时间让无人机起飞。同理，向前移动 100 cm 等待 3 s，表示给 3 s 的时间让无人机向前飞行 100 cm。

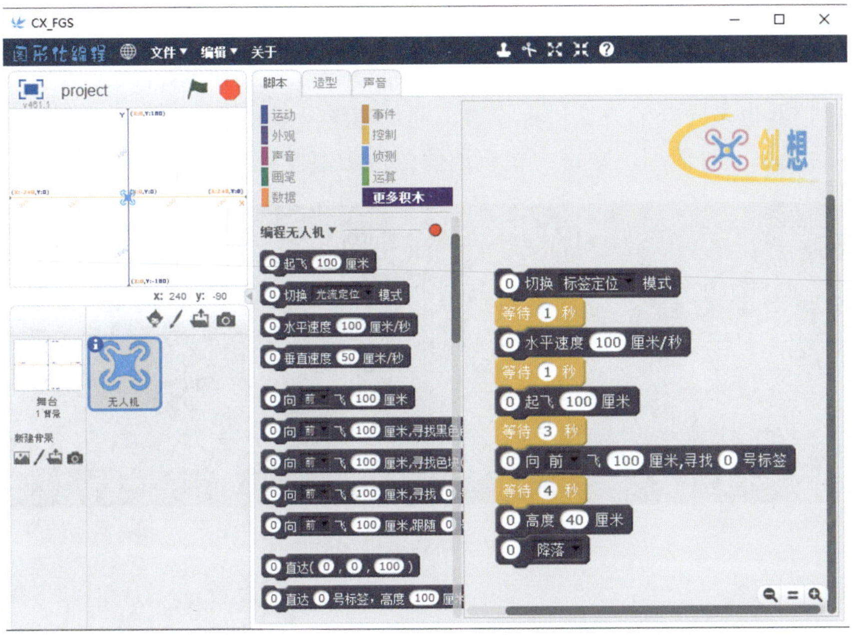

图 8-21　CX-FGS 软件

飞虹无人机的对频、校准及解锁，如图 8-22 所示。

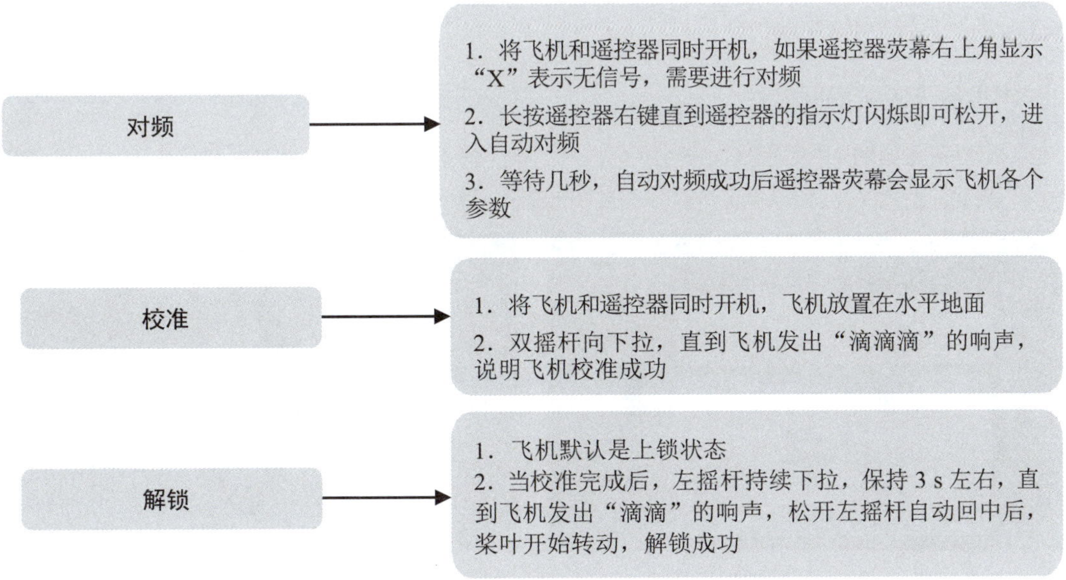

图 8-22　飞虹无人机的对频、校准及解锁

8.2.5 积木块前面数字的设置方法

通过前面的学习了解了每一个积木块前面都有一个数字 0，这个数字表示所用无人机的数字编号。如果这里的数字和无人机不一样，那么程序运行结果为无人机不启动。同时这也说明了这个软件可以同时控制多台无人机。无人机设置编号的方法，如图 8-23 所示。

（1）用数据线把无人机和计算机进行连接，打开图形化编队软件，在左下角找到硬件设置并点击打开，在中间位置找到通信设置。

（2）读取一下飞机的编号，然后填入想要设置的编号，点击发送即可通信信道和密码需要和遥控器匹配。遥控器也是同样的方法进行设置，通信信道一般设置为 80～125 的数值。

（3）若多台飞机同时使用，则每台飞机通信信道数值差设置一般大于 10。

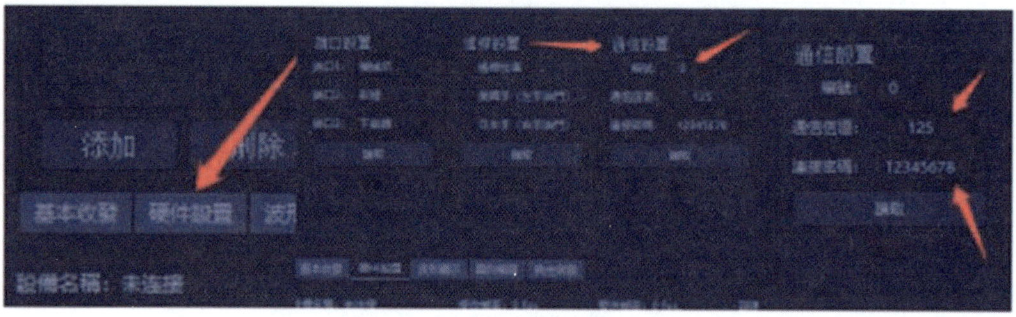

图8-23　无人机设置编号的方法

8.3 自动飞行无人机的编队飞行

8.3.1 常见的无人机编队软件

1．常见的无人机编队软件

无人机的编程软件种类繁多。常见的软件类型有积木块化的编程软件（图 8-24），还有靠大型地面站设备控制的无人机编队飞行软件（图 8-25）、飞虹无人机编队软件（图 8-26）。

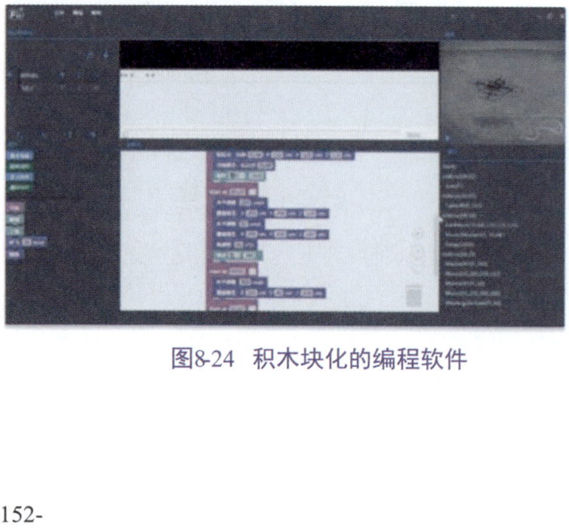

图8-24　积木块化的编程软件

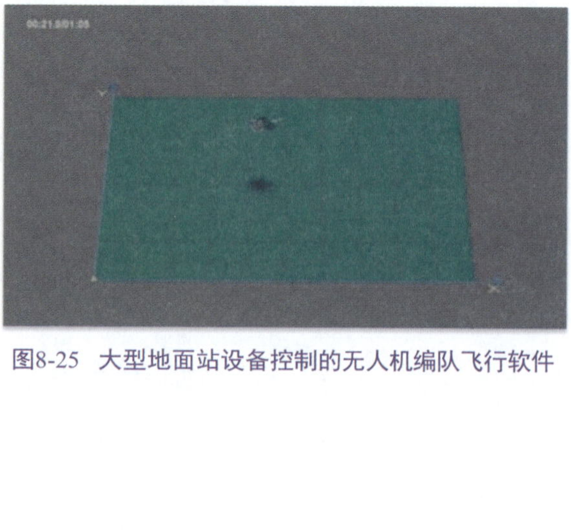

图8-25　大型地面站设备控制的无人机编队飞行软件

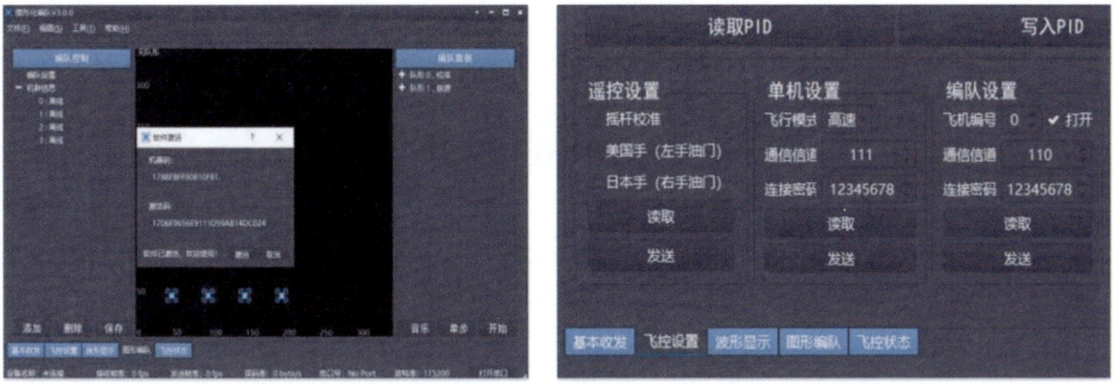

（a）　　　　　　　　　　　　（b）

图8-26　飞虹无人机编队软件

2. 无人机编队定位的方式

（1）测距定位

在每台无人机上安装距离传感器，计算出各台无人机之间的相对距离然后进行数学建模，根据相应算法得出无人机的位置。它的优点是计算所得位置比较精确，但是运算量比较高，另外三维空间中的距离传感器种类很少。

（2）GPS+气压计

通过 GPS 获得无人机的二维平面位置，再结合气压计和超声波模块计算出高度，最终得出飞机空间位置。飞机在低空飞行时，通常采用超声波模块获取高度信息，精度很高，在高空时采用气压计。

（3）图像识别定位

通过多个摄像头获取环境三维空间图像，使用图像识别技术将图像进行处理，对飞行空间进行数学建模，将识别出的不同维度的无人机位置信息整合，可获得三维空间中无人机位置。该方法在图像识别过程中数据运算量也很大，另外受地域限制，只可在布有摄像头的环境中飞行。

8.3.2　无人机编队软件的下载与设置

1. 下载无人机编队软件

Step 01　通过创想教育科技有限公司官方网站下载最新版本“图形化编队”软件，可以直接打开并运行软件，如图 8-27 所示。

图8-27　飞虹编队软件下载

Step 02 运行软件后，点击左上角的“帮助”选项，启动软件。

Step 03 将机器码复制并发送至工作人员，获取启动码。启动完成后可进行编队飞行。

2. 设置无人机编队软件页面（图 8-28）

Step 01 用数据线连接无人机和计算机，无人机开机后（需要插上电池）软件会自动读取无人机的数值（左下角会显示所连设备）。

Step 02 点击左下角的飞控设置选项，在编队设置中点击读取按钮，打开编队模式，将飞机编号设置为 0（第二台无人机编号为 1，第三台编号为 2，以此类推，即 0、1、2、3 …）同时，如果使用三台无人机编队，连接遥控器时在编队设置中要把飞机数量设置为 3；同理，如果是四台无人机，则设置数量为 4，它们的通信信道和密码需要保持一致。

Step 03 所有无人机的通信通道都设置为同一个数值（一般为 100 以上），密码也设置为一致。这样遥控器才能控制所有的飞机。

Step 04 上述选项都设置完毕后，点击发送即可，无人机会发出“滴滴”的声音。断开连接后，可直接连接下一台无人机，做相同的设置。

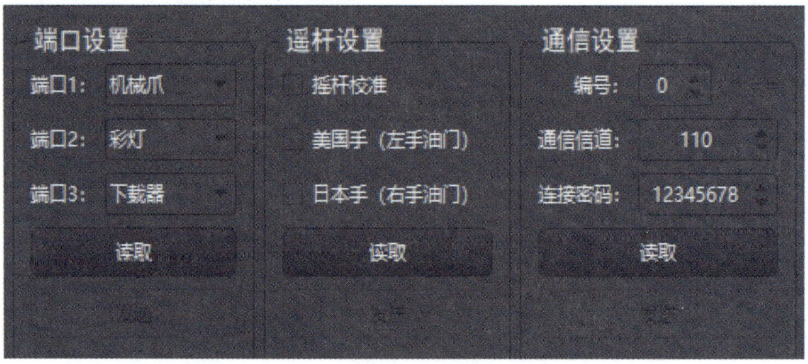

图 8-28 飞虹编队软件界面

8.3.3 无人机遥控器通道设置

使用数据线把遥控器和计算机进行连接，软件会自动读取遥控器的数值。点击左下角的飞控设置，在单机设置目录下点击读取按钮，将通信通道改为与无人机相同即可；然后点击发送，若无人机已经打开，会自动与遥控器对频。

（1）编队地图在识别时以左下角为原点 0 号标签，之后从左向右每一列+1，从下向上数每一行+20。编队地图，如图 8-29 所示。

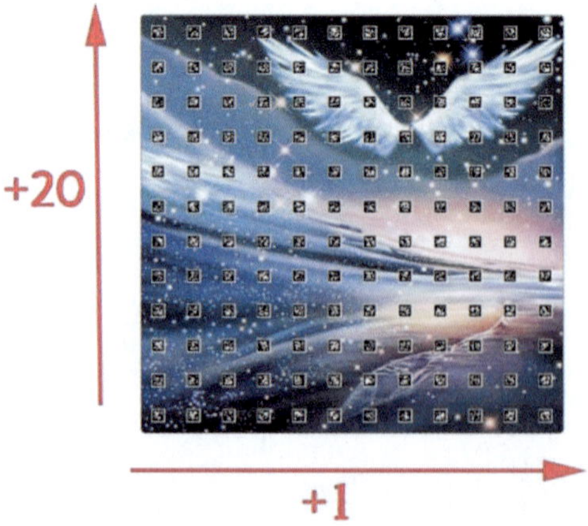

图8-29 编队地图

（2）如图 8-30 所示，选定需要做动作的飞机后可进行多种飞行动作所。有飞机必须写入起飞指令后，才可以完成其他动作高度，即起飞的高度。

（3）无人机在编队地图上的移动，会用到直达指令，其中 *X*、*Y*、*Z* 分别表示横坐标、纵坐标和高度，如图 8-31 所示。

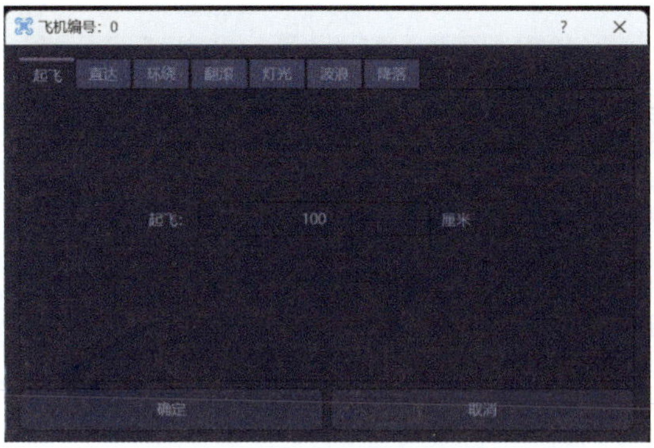

图8-30　选定需要做动作的飞机

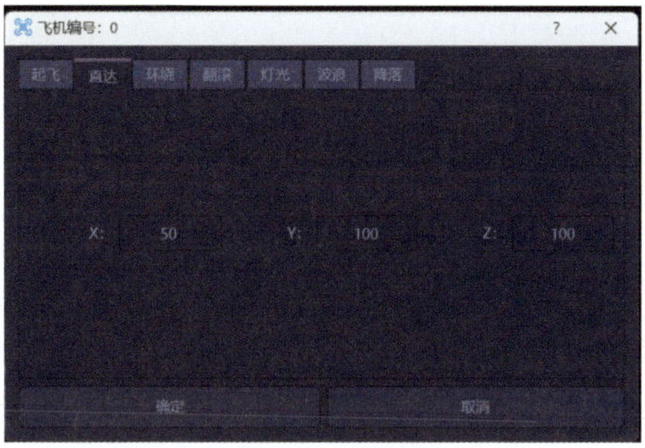

图8-31　直达指令

（4）轨迹参数即环绕过程中，无人机会有明显的高低变化，正方向表示环绕过程中最低点和最高点的方向，如图 8-32 所示。

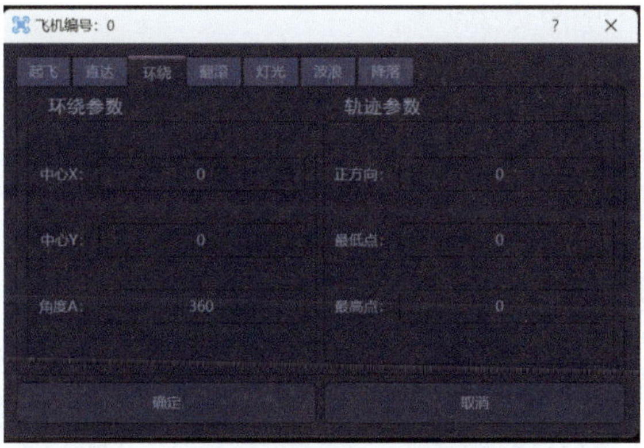

图8-32　环绕过程中最低点和最高点

（5）环绕中心必须为某一个标签号的坐标位置，环绕中心不应该离地图边界太近，角度为负数，则逆时针环绕，如图 8-33 所示。

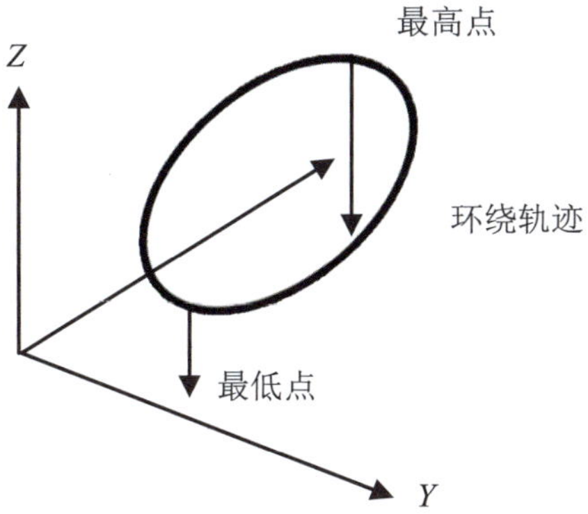

图8-33　环绕中心

（6）无人机朝一个方向翻滚一圈会比较耗电，若有需要，一般在一个指令列表中只放一个，如图 8-34 所示。

（7）控制无人机灯光的指令。呼吸灯以一定频率亮灯七彩变幻、多种颜色随机变化音乐变幻或随音乐亮灯，如图 8-35 所示。

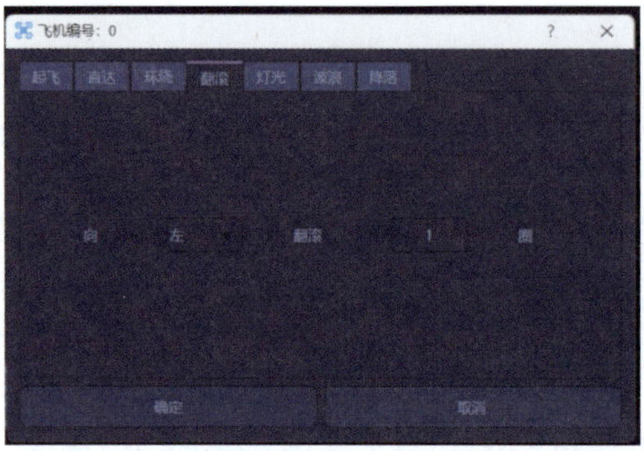

图8-34　翻滚设置

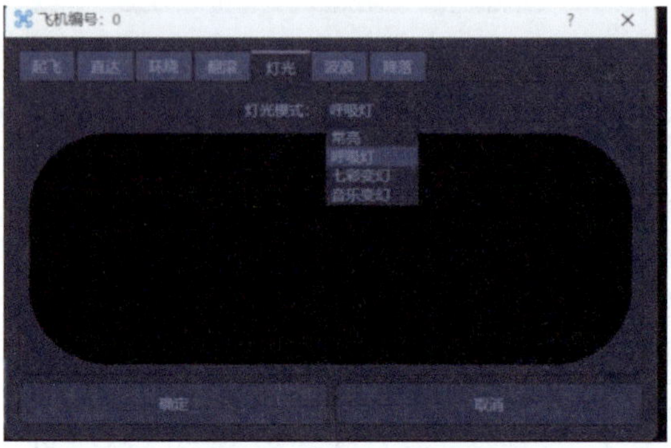

图8-35　灯光设置

（8）波浪动作具有较高的观赏性，飞机数量越多效果越明显。类型有灯光模式和高度模式。周期表示次数，高度波浪为飞机以选定方向依次调整飞行高度，颜色波浪则为颜色以选定方向变化，高度不变。波浪动作设置如图 8-36 所示。

（9）编队飞行结束后加入降落指令，无人机会降落到目标位置，如图 8-37 所示。

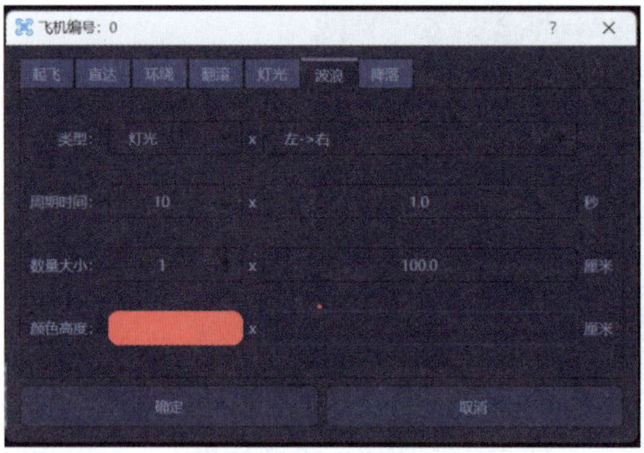

图8-36　波浪动作设置

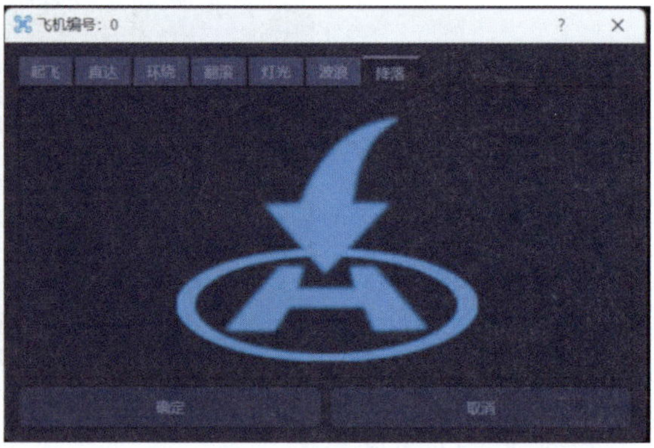

图8-37　降落设置

本章小结

本章主要介绍了自动无人机的相关知识，主要包括自动飞行无人机的组成及基本操作、运用图形化编程软件控制无人机、自动飞行无人机的编队飞行。通过对本章的学习，希望读者能了解自动飞行无人机的飞行原理及技巧。

习题 8

1．简述无人机有哪些操纵方式。
2．飞行过程中是否需要检查传感器状态？
3．无人机的左右摇杆在飞行过程中分别起什么作用？
4．简述编队软件各个动作的设置方式。

第 9 章　1+X 无人机驾驶考试

【本章导读】

经过前面一系列的学习后，读者对无人机已经有了一个全面的了解。接下来本章介绍无人机驾驶考试的相关内容，帮助读者更加详实的了解 1+X 无人机驾驶证的考试标准。

【本章重点】

- 无人机的实际飞行练习。
- 了解无人机驾驶职业技能等级标准。

【素质目标】

- 培养学生的安全意识和飞行安全意识，提高在无人机驾驶过程中的安全性。
- 培养学生具备团队协作能力，吃苦耐劳、诚实守信的优秀品质。

9.1　无人机的实际飞行练习

9.1.1　起飞与降落练习

1. 起飞练习

操作员离无人机一定的安全距离，解锁无人机，缓慢推动油门，让无人机缓慢起飞。注意，在缓慢推油门的过程中，如果推动油门到一定的刻度时候，电机还没转动，就不能大幅度推动油门，防止油门过大而无法控制无人机。无人机起飞后，不能一直保持油门不变，而是待无人机达到一定的高度，一般是离地 1 m 以上后开始降油门，要不停地调整油门大小，让无人机在一定高度范围内徘徊。这是因为油门稍大无人机上升，油门稍小无人机下降，必须调整油门的大小，找到能让无人机悬停的油门位置，这样无人机就能平稳的悬停了。起飞练习，如图 9-1 所示。

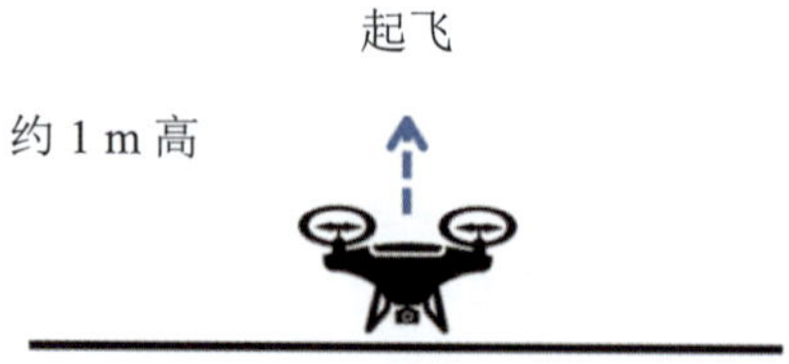

图 9-1　起飞练习

起飞过程中要注意无人机的姿态，随时调整无人机的姿态，让无人机保持以平稳姿态起飞。起飞时要缓慢，但动作要干脆。

2．降落练习

控制油门遥杆降低油门，让无人机缓慢下降，在离地面 5~10 cm 的时候，稍微往上推一点油门，降低下降的速度，再慢慢降低油门，直至无人机触地。保持油门最低 5 s，锁定飞控。过程中要注意无人机的姿态，随时调整无人机的姿态，让无人机保持以平稳的姿态下降。相对起飞来说，降落难度会更高，要反复练习。降落练习，如图 9-2 所示。

图 9-2　降落练习

在起飞和降落都要随时调整飞机的姿态，以保持飞机的平稳，不让飞机有过大幅度的摆动，否则起飞和降落时，轻则有会有打坏螺旋桨的可能，重则会侧翻。

9.1.2　悬停操作练习

悬停是一项比较基础，但对微操作要求较高的一项操作。要求保持飞行高度不变，保持无人机飞行不会出现前后移动，左右摇晃。悬停操作相对其他操作来说是最为复杂的一项。将悬停练习好了，就能比较好的掌握了操作无人机的手感，能较好的进行微调。在练习时要认真感受操作时的手感，控制好微调为以后更复杂的操作打下基础。悬停操作练习，如图 9-3 所示。

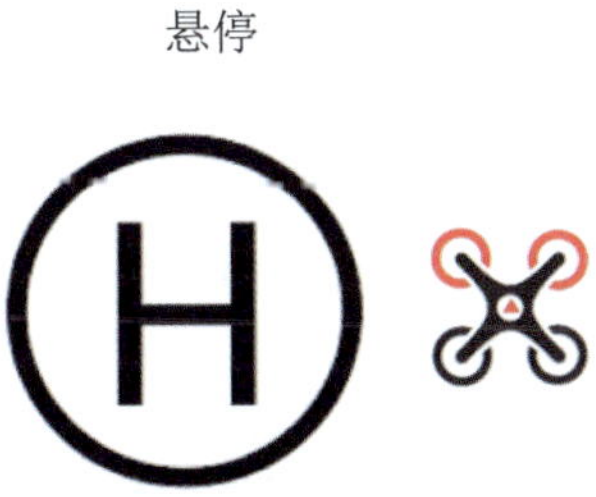

图 9-3　悬停操作练习

姿态模式悬停时，在所有杆都不动的情况下无人机会不停的飘移，当然速度比较慢。悬停操作要有比较强的手感，这种手感需要多练习才行。四面悬停讲究的是横滚和俯仰配合，无人机的姿态预判，较强的手感，只有这几方面配合好了，四面悬停就能很好的完成了。

1．对尾悬停练习

飞机起飞一定的高度悬停，转动航向让机尾一直对着自己。不停地调整俯仰和横滚，保持无人机飞行不会出现前后移动、左右摇晃。控制无人机俯仰和横滚，要时刻注意无人机的姿态，做出一个预判，反应要快，打舵要频繁，舵量要小。对尾悬停练习，如图 9-4 所示。

2．右 90° 悬停练习

右 90° 悬停就是无人机机头终对着操纵者的右边。无人机对尾悬停稳后，缓慢拨动右航向摇杆，让无人机机头朝右旋转 90°，在旋转的过程中动作要缓慢平稳连惯。让无人机的右侧正对着自，保持这个姿态悬停，根据无人机的动态，不停的调整俯仰和横滚，让无人机悬停在红色区域上方。允许小范围的飘移。右 90°悬停练习，如图 9-5 所示。

图 9-4　对尾悬停练习

图 9-5　右 90°悬停练习

因为无人机已经航向向右转动 90°，如果无人机姿态发生偏移，打杆时就不能按照对尾时的方法。例如，无人纵向操者的正前方移动，这时就不是拉后仰让无人机回到悬停点上，而是打右横滚让无人机回到悬停点上。无人机向操纵者的左手边移动，就要推俯冲让无人机向右移动，回到悬停点上。从对尾悬停转到 90°悬停会有一个适应过程。这就要多练习，这要才会很快就能根据无人机的姿态去打舵。

3．左 90°悬停练习

左 90°悬停的基本操作和右 90°悬停类似。例如，无人机向操纵者的正前方飘移偏离悬停点的时候，这时应该打左横滚让无人机回到悬停点上。无人机向操纵者的右边飘移偏离悬停点，这时要推俯冲让无人机回到悬停点上。左 90°悬停练习，如图 9-6 所示。

图 9-6　左 90°悬停练习

左、右 90°悬停建议交叉练习，从对尾悬停开始，然后转左或右 90°悬停，在一边的 90°悬停稳后（8~10 s）就转到另一边的 90°悬停。这样就不会因为习惯了右 90°悬停，突然换左 90°悬停时会按照原来右 90°的打杆方式打杆而出现打错舵的现象。

4．对头悬停练习

在左、右 90°悬停熟练以后，就要练最后一面悬停，难度也相对高一点的对头悬停。

90°悬停稳后，缓慢转动航向，转的过程中要控制好俯冲和横滚，让无人机平稳连惯的转向，偏离悬停点的距离不大。让无人机机头正朝操纵者，这时无人机的姿态已经和对头悬停时完全相反了。对头由于除了高度通道外所有的舵机操控从感官上和正悬停是相反的。例如，无人机向操纵者的左手方向偏离悬停点，这时如果要让无人机回到悬停点上，应该打左横滚让无人机向右边移动回到悬停点上。无人机向操纵者的正前方偏离悬停点，就要推动俯冲让无人机往操纵者这边靠近，回到悬停点上。对头悬停练习，如图 9-7 所示。

图 9-7　对头悬停练习

5．360° 自旋练习

360° 自旋练习要在四面旋停练习已经很熟练情况下，才能更好的掌握技巧。360° 自旋可以看成是四面悬停的连贯动作，要求以较慢的速度旋转。360° 自旋练习，如图 9-8 所示。

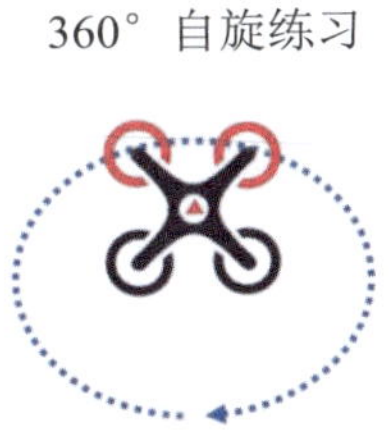

图 9-8　360° 自旋练习

无人机起飞一定高度，对尾悬停稳，以缓慢速度旋转（顺时针或逆时针）到 90° 位置，不要停留继续缓慢旋转到对头，再旋转到 90° ，再回到对尾。完成一次 360° 自旋练习。

9.1.3　上升与下降练习

1．上升练习

上升练习是主要练习控制油门杆，假如无人机已经起飞，缓慢推动油门，无人机缓慢上升，油门推动越多（切忌把油门推到最高或者很接近最高），上升速度越大。在上升到一定高度或者上升速度达到自己可操作的限度时停止推动油门，这时无人机依然在上升。要是想让无人机停止上升，就要开始降油门，但不能降得太猛，保持匀速降低油门，直止无人机停止上升。如果发现无人机开始下降，说明油门降多了，这时就要推油门让无人机保持高度，反复几次操作后无人就就能稳定的悬停了。上升练习，如图 9-9 所示。

图 9-9　上升练习

2．下降练习

下降是和上升相反的一个过程，无人机下降时，螺旋桨的转速会下降，无人机的高度会因为缺乏升力开始下降。在开始练习下降时，确保无人机已经达到足够高的高度，在无人机悬停稳后，缓慢下拉油门，不能将油门拉得太低。在无人机下降比较明显时，停止下拉油门，这时无人机会继续下降。下降练习，如图 9-10 所示。

图 9-10 下降练习

注意不要让无人机过于接近地面，在下降到一定的高度时就要开始推动油门，让无人机下降的速度减慢，直止无人机停止下降。此时无人机可能会开始上升，需要降低油门，保持现有高度、稳定悬停。在下降过程中如果下降高度太多，或者下降到离地面太近时，但是无人机还无法停止下降，就要加快推动油门的速度（要根据实际情况来决定应该多快）。同时，注意飞机的姿态，如果倾斜角太大，就不能加速推动油门，否则会有危险。

3．俯冲练习

无人机俯冲进行时，机头两螺旋桨减速，机尾两螺旋桨加速，因此螺旋桨提供的升力不一样，螺旋桨提供的力就会与水平面产生一定的夹角，此时无人机机头就会稍微下沉，机尾抬起。这状态下，螺旋桨提供了抵消重力的升力，也提供了向前飞的动力。因为机头两螺旋桨减速，这时升力减小，所以无人机的高度会下降，可以随时适当推动油门和往后稍微往后拉俯冲摇杆，减少无人机俯冲角度，提升无人机高度。俯冲练习，如图 9-11 所示。

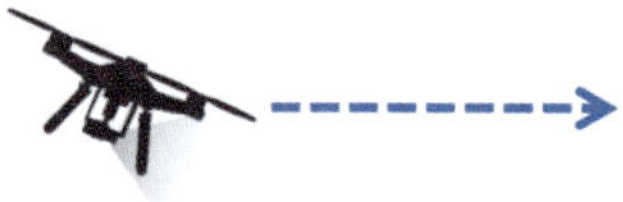

图 9-11 俯冲练习

无人机起飞飞行到一定的高度，往前轻推控制俯冲的摇杆，无人机开始先前方飞行，推动摇杆的幅度越大，前倾角就越大，前行的速度就越快。但在摇杆推动幅度太大时，机头的两螺旋桨有可能过低，导致无人机翻跟斗或触地炸机。俯冲的过程中，无人机的高度会降低，这时就要俯冲摇杆往后稍微拉起和适当加大一点油门，让无人机回到原来的高度上。建议在练习时，摇杆只推到无人机可以前行即可，保持摇杆的位置，让无人机继续向前飞，注意控制无人机沿一直线往前飞。如果无人机向其他方向偏移，就要操作其他摇杆控制飞机回到原来的飞行线路上。

4．上仰练习

上仰和俯冲的操作是类似的，只是控制的摇杆的方向是相反的，将摇杆从中间位置往后拉。上仰操作时，无人机机头两螺旋桨加速，机尾两螺旋桨减速，就会出现类似俯冲的现象，只是变成无人机往后飞行。上仰和俯冲可以相接合进行练习，在无人机俯冲到一定的距离后，就往后拉杆，让无人机上仰回来。上仰需要注意无人机的高度，高度下降了就要往前推杆和稍微加点油门，让无人机回到原来的高度。在无人机距离自己有一个安全距离时，就要提前往前推杆让无人机停下来。上仰练习，如图 9-12 所示。

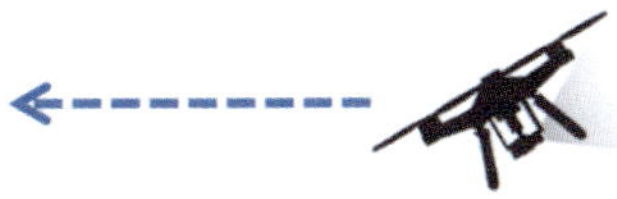

图 9-12　上仰练习

9.1.4　偏航练习

1．右偏航练习

无人机在飞行时，航向摇杆轻轻向左边摆动，无人机机头就会向左边开始转动。在无人机没有使用俯仰操作时，直接摇动航向摇杆使无人机偏航，无人机会原地旋转，转动速度和摇杆打的幅度有关，摇杆偏离中心位置越大，速度就会越快（不要轻易尝试大幅度的偏离）。右偏航练习，如图 9-13 所示。

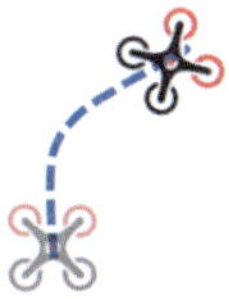

图 9-13　右偏航练习

2．左偏航练习

左偏航练习时需要使用俯仰操作来配合。首先进行俯仰操作，让无人机前行，前行一段距离后，然后缓慢将航向摇杆向左打一点，停止打杆，保持摇杆的位置，观察无人机的姿态，可以看到无人机已经开始向左偏航，保持摇杆位置大约 2～4 s 即可将航向摇杆回中，俯仰摇杆回中。左偏航的操作练习完成。左偏航练习，如图 9-14 所示。

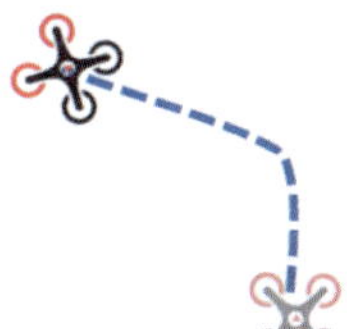

图 9-14　左偏航练习

左偏航和右偏航来回交替练习效果会更好，如左偏航后紧接着右偏航。

9.1.5　横滚练习

1．左侧横滚练习

左侧横滚练习需要将横滚摇杆向左侧拨动。摇杆向左侧轻微拨动时，无人机左侧两螺旋桨的转速就会下降，右侧两螺旋桨的转速上升，开始向左侧倾斜，就会向左侧飞行。等飞行一段距离后，摇杆回中，无人机就停止飞行，左侧横滚练习完成。左横滚时可能会出现高度下降，这时就要将摇杆稍微往右打和适当加点油门，让无人机保持原来的高度。左侧横滚练习，如图 9-15 所示。

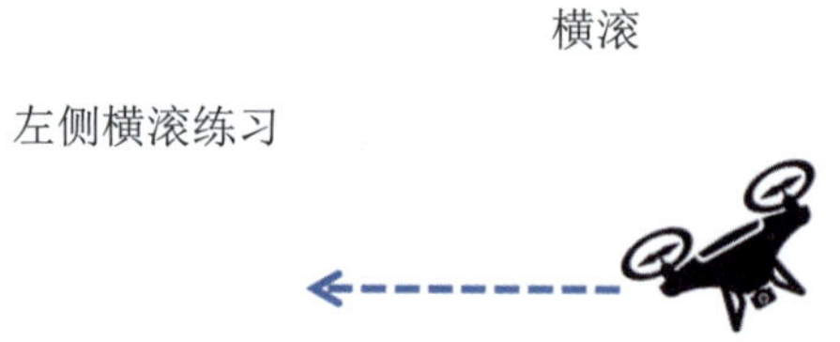

图 9-15　左侧横滚练习

2．右侧横滚练习

右侧横滚练习和左侧横滚练习类似，只是摇杆方向向右侧拨动，如图 9-16 所示。左、右横滚可以交换进行，无人机左横滚到一定距离后，就可以进行右横滚，让无人机回到原来开始的地方。注意练习过程中无人机的高度。

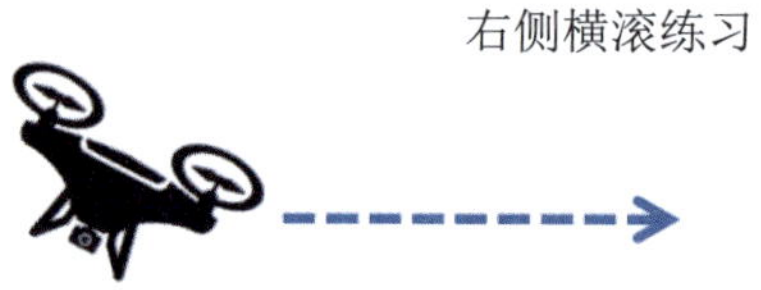

图 9-16　右侧横滚练习

9.1.6　斜坡练习

1．斜坡爬升练习

斜坡爬升练习就是在无人机前行的同时飞行高度也要爬升。斜坡爬升时，推动俯冲摇杆使无人机前进，同时加大油门（油门大小视情况而定。初学者练习时，不要推得太猛）。这样无人机就会按一个斜坡的方式开始爬升，等到爬升到一定的高度时停止爬升。注意要根据现场实际情况来控制油门大小和俯冲角度大小，需要操纵俯冲摇杆和油门来配合。斜坡爬升练习，如图 9-17 所示。

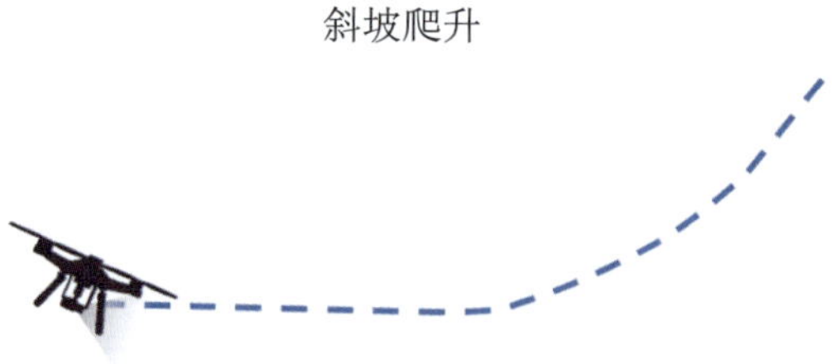

图 9-17　斜坡爬升练习

2．斜坡下降练习

与斜坡爬升练习相似，只是这时需要降低高度，也就是降低油门。操作方式与爬升相似，向前推动俯冲摇杆让无人机向前飞行，适当的下拉油门摇杆（注意拉杆的幅度，尤其是初学者）。这时无人机的高度就会下降。要注意下降的高度，不要一降到底，要给自己留有补救得控制余地。操作不好的，很容易损坏无人机。斜坡下降练习，如图 9-18 所示。

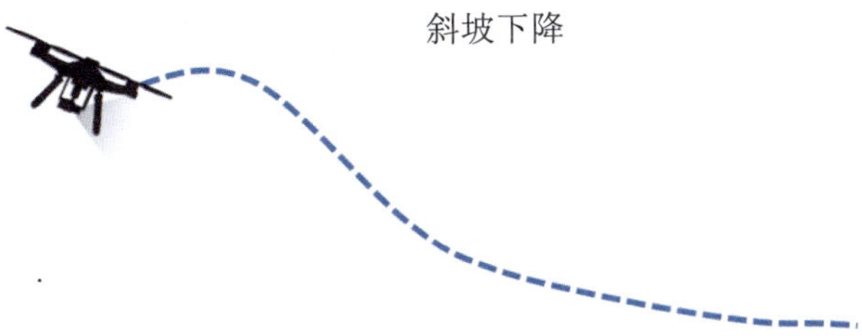

图 9-18　斜坡下降练习

9.1.7　曲线飞行练习

1．Z 字型曲线飞行练习

直线飞行一段距离后，运用航向摇杆让无人机急转弯调头，然后沿一定的度角斜线飞行，飞行一段距离后再来一个急转弯调头（方向跟第一次急转弯前一样），沿直线飞行，和第一直线形成水平线，Z 曲线飞行完成。Z 字型曲线飞行练习，如图 9-19 所示。

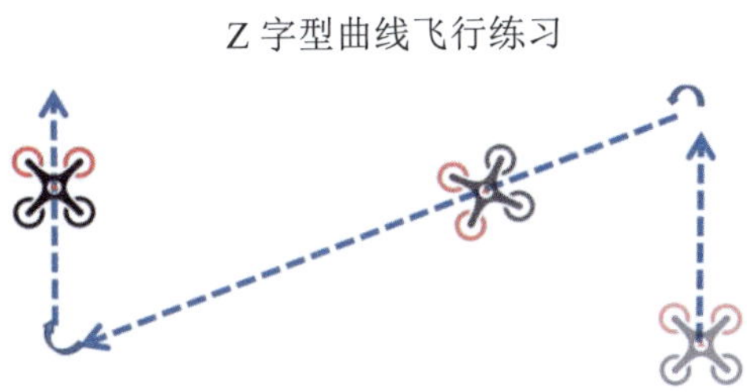

图 9-19　Z 字型曲线飞行练习

2．S 字型曲线飞行练习

S 型曲线飞行，无人机在前行的过程中，轻拨航向，让无人机偏航（这时可以向偏航的方向压着一点横滚），飞行一段距离后拨动相反航向和横滚；继续一段距离后，再拨动相反航向和横滚。继续飞行一段距离，S 型曲线飞行完成。S 字型曲线飞行练习，如图 9-20 所示。

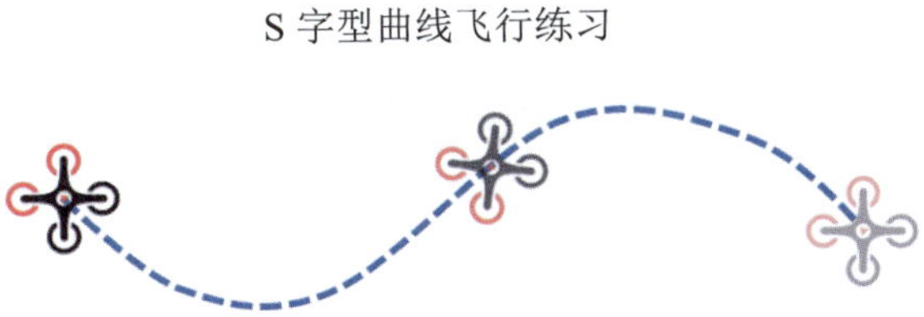

图 9-20　S 字型曲线飞行练习

S 型曲线练习，航向不用打很大，让无人机沿一个弧型的曲线飞行，横滚可以跟据飞行速度来调整，无人机在改变航向的时候要保持是一个向前飞行的状态。

9.2 无人机驾驶职业技能等级标准

9.2.1 范围

《无人机驾驶职业技能等级标准》规定了无人机驾驶职业技能等级对应的工作领域、工作任务及职业技能要求，适用于无人机驾驶职业技能培训、考核与评价，相关用人单位的人员聘用、培训与考核可参照使用。

9.2.2 范规范性引用文件

下列文件对于本标准的应用是必不可少的。凡是注日期的引用文件，仅注日期的版本适用于本标准。凡是不注日期的引用文件，其最新版本适用于本标准。

（1）《Manual on Remotely Piloted Aircraft Systems （RPAS）》（ICAO-Doc 10019）。

（2）《民用无人机驾驶员管理规定》（AC-61-FS-2018R2）。

（3）《轻小无人机运行规定》（AC-91-FS-2015-31）。

（4）《民用无人机驾驶员合格审定规则》（T/AOPA 0008-2019）。

9.2.3 术语和定义

相关术语和定义如下。

1．无人机（UA：Unmanned Aircraft）

无人机由控制站管理（包括远程操纵或自主飞行）的航空器。

2．无人机系统（UAS：Unmanned Aircraft System）

无人机系统是指由无人机、相关的控制站、所需的指令与控制数据链路以及批准的型号设计规定的任何其他部件组成的系统。

3．无人机驾驶

无人机驾驶是指操控无人机系统完成既定飞行任务，负责整个无人机系统运行和安全。

4．类别

类别是指根据无人机产生气动力及不同运动状态依靠的不同部件或方式，将无人机进行划分的一种维度。

5．固定翼无人机（以下简称固定翼）

固定翼无人机是指动力驱动的重于空气的一种无人机，其飞行升力主要由给定飞行条件下保持不变的翼面产生，属于类别中的一种。

6．无人直升机（以下简称直升机）

无人直升机是指一种重于空气的无人机，其飞行升力主要由在垂直轴上一个或多个动力驱动的旋翼产生，其运动状态改变的操纵一般通过改变旋翼桨叶角来实现，属于类别中的一种。

7．多旋翼无人机（以下简称多旋翼）

多旋翼无人机是指一种重于空气的无人机，其飞行升力主要由多个动力驱动的旋翼产生，其运动状态改变的操纵一般通过改变旋翼转速来实现，属于类别中的一种。

8．视距内运行

视距内运行是指无人机在驾驶员与之保持直接目视视觉接触的范围内的运行，且该范围水平半径不大于 500 m，航空器相对高度不高于 120 m。

9．超视距运行

超视距运行是指无人机进行的除视距内运行以外的运行。

9.2.4　面向职业岗位（群）

无人机驾驶职业技能分为三个等级：初级、中级、高级。三个级别依次递进，高级别涵盖了低级别职业技能要求。

无人机驾驶（初级）：能按照厂家手册安装多旋翼类别无人机系统以及任务载荷，进行必要飞行前安全检查，操纵多旋翼类别无人机在视距内场景下起降运行，依据无人机系统手册完成日常的检查与维护工作。无人机驾驶职业技能等级要求（初级）如表 9-1 所示。

无人机驾驶（中级）：能按照厂家手册安装无人机系统以及远程地面控制站，完成所需的能源补充或燃料加注，进行系统整体安全检查，操纵无人机起降以及在超视距场景下的运行活动以及保障运行所需的装配调整、维护工作。无人机驾驶职业技能等级要求（中级）如表 9-2 所示。

无人机驾驶（高级）：能根据飞行任务需要装配无人机整体系统以及任务载荷，并完成系统整体调试，设计作业方案及应急处置预案，操纵无人机在多种运行场景下完成运行，能进行作业数据后期处理，可以胜任无人机型号测试、出厂测试等工作以及部件级别维修工作。无人机驾驶职业技能等级要求（高级）如表 9-3 所示。

表 9-1　无人机驾驶职业技能等级要求（初级）

工作领域	工作任务	职业技能要求
1 飞行准备	1.1 机型安装	1.1.1 能按照机型手册安装多旋翼平台机体 1.1.2 能按照电池安全使用要求安装与紧固电池 1.1.3 能依据操作规范，完成无人机系统遥控器对频
	1.2 任务载荷装配	1.2.1 能按照作业需要，正确选配、安装航拍相机 1.2.2 能依据作业需求与作业规范，正确安装植保喷洒药箱 1.2.3 能根据安全喷洒规范，正确完成喷洒药液的调配、填充与废液处理
	1.3 飞行前检查	1.3.1 能按照飞行手册完成多旋翼机身完整性检查 1.3.2 能完成多旋翼重量与配平检查 1.3.3 能按照安全操作程序完成动力电池以及控制站电池电量检测 1.3.4 能完成多旋翼无人机系统中辅助定位系统校准所需的操作 1.3.5 能完成飞行环境安全确认

2 飞行任务操作	2.1 多旋翼视距内起降与悬停	2.1.1 能安全操纵辅助定位系统工作下（以下简称辅助模式）的多旋翼视距内起降操作 2.1.2 能安全稳定地操纵辅助模式下的多旋翼视距内定高定点悬停 2.1.3 能安全稳定地操纵辅助模式下的多旋翼在视距内定至少四个方位悬停
	2.2 多旋翼视距内机动飞行	2.2.1 能安全操纵辅助模式下的多旋翼定高纵向平飞 2.2.2 能安全操纵辅助模式下的多旋翼定高横向平移 2.2.3 能安全操纵辅助模式下的多旋翼向空间内同高某点斜向移动 2.2.4 能安全操纵辅助模式下的多旋翼定高匀速执行圆形航线
	2.3 多旋翼视距内作业飞行	2.3.1 能安全稳定地操控辅助模式下的多旋翼在空间某点悬停，执行对某点或某一区域的持续监控或拍摄 2.3.2 能安全稳定地操控辅助模式下的多旋翼无人机执行满载重起飞与植保作业航线运行 2.3.3 能按照作业规范要求，安全稳定地操控辅助模式下的多旋翼执行目标物不同高度不同角度检查的作业飞行
3 无人机系统日常维护	3.1 多旋翼的日常检查	3.1.1 能依据系统说明书正确填写系统维护履历 3.1.2 能遵照系统维护保养手册（以下简称：系统维保手册）完成对机体各紧固件的检查 3.1.3 能遵照系统维保手册完成对螺旋桨的检查
	3.2 多旋翼日常维护	3.2.1 能按照操作规范拆卸动力电池 3.2.2 能遵照系统维保手册完成对机体的检查 3.2.3 能遵照系统维保手册完成机体的清洁
	3.3 动力电池日常检查与维护	3.3.1 能按照电池使用要求执行放电操作 3.3.2 能按照电池使用要求执行充电操作 3.3.3 能按照电池特性安全合理得完成电池存放

表 9-2　无人机驾驶职业技能等级要求（中级）

工作领域	工作任务	职业技能要求
1 飞行准备	1.1 系统安装	1.1.1 能按照标准装配多旋翼（或固定翼、或直升机）　平台机体 1.1.2 能按照地面控制站运行要求完成地面控制站以及相关链路硬件的搭设 1.1.3 能按照燃油安全使用要求完成油动无人机的动力装置所使用燃油的加注（或按照动力电源使用安全要求完成电池匹配性改装与安装） 1.1.4 能依据操作规范，完成无人机平台与地面控制站的连接
	1.2 任务载荷装配	1.2.1 能按照作业种类，正确完成一般信息探测类设施设备的配置 1.2.2 能依据作业要求与作业规范，正确完成任务载荷设备的安装 1.2.3 能根据作业程序，完成任务载荷地面模拟运行测试
	1.3 系统飞行前检查	1.3.1 能按照飞行手册完成多旋翼（或固定翼、或直升机）机身与接线检查 1.3.2 能完成重量与配平调整 1.3.3 能按照安全操作程序完成电动或油动动力装置检查 1.3.4 能按照安全操作程序完成飞行控制链路检查 1.3.5 能完成无人机辅助定位系统校准所需的操作 1.3.6 能完成飞行环境（包括物理环境与电磁环境）安全确认
2 飞行任务操作	2.1 无人机视距内起降	2.1.1 能安全稳定地操纵辅助模式下的多旋翼（或固定翼、或直升机起飞） 2.2.2 能安全地操纵辅助模式下的多旋翼（或固定翼、或直升机）降落 2.2.3 能安全地操纵辅助模式下的多旋翼（或直升机）在视距内定高定点悬停过程中持续偏航（或辅助模式下的固定翼视距内定高盘旋飞行）

	2.2 无人机视距内机动飞行	2.2.1 能在系统性能限制范围内，安全稳定地操纵辅助模式下的多旋翼（或固定翼、或直升机）执行定高匀速平飞的操作 2.2.2 能在系统性能限制范围内，安全稳定地操纵辅助模式下的多旋翼（或直升机）执行向空间内同高某点斜向匀速移动（或辅助模式下的固定翼在视距内定高转弯） 2.2.3 能安全地操纵辅助模式下的多旋翼（或固定翼、或直升机）执行平飞“8 字”航线飞行
	2.3 无人机超视距作业飞行	2.3.1 能依据地面站操作规范，进行航行要素校准操作 2.3.2 能完成超视距作业航线及各航点属性的规划 2.3.3 能依据作业要求与任务载荷操作要求，进行任务载荷设置与调试 2.3.4 能遵照系统使用手册，完成视距内手动操纵模式与超视距自动驾驶模式的切换 2.3.5 能按照作业需求，进行超视距巡检任务或信息探查任务的作业 2.3.6 能按照无人机系统运行规范，持续监督与管理无人机系统的运行态势与无人机的航行要素 2.3.7 能依据作业需要，在超视距航线飞行过程中完成飞行任务暂停以及航线修改的操作
3 无人机系统日常维护	3.1 无人机机体日常检查维护	3.1.1 能按照操作规范对多旋翼（或固定翼、或直升机）进行回收与装箱 3.1.2 能遵照系统维保手册完成对机体各紧固件及旋翼（或螺旋桨）的检查与更换 3.1.3 能遵照系统维保手册完成多旋翼（或固定翼、或直升机）机体的清洁与机械部件润滑
	3.2 动力装置日常检查与维护	3.2.1 能按照维保要求，完成化油器滤网的定期清洗 3.2.2 能按照维保要求，完成火花塞的定期更换 3.2.3 能完成油箱及供油管路的检查与维护 3.2.4 能完成常用油料的配制操作 或： （3.3.1 能辨别锂电池的串并联方式 3.3.2 能正确完成电池串并联的焊接 3.3.3 能按要求正确更改电池的电芯数量）

表 9-3　无人机驾驶职业技能等级要求（高级）

工作领域	工作任务	职业技能要求
1 飞行准备	1.1 系统调试	1.1.1 能依据无人机类别及作业性质选配无人机平台部件 1.1.2 能依据作业需求与无人机部件选配飞行控制器 1.1.3 能完成飞控参数适应性调整 1.1.4 能完成相应运行环境下的系统性能优化调整
	1.2 任务载荷调试	1.2.1 能按照作业要求，正确完成任务载荷设备种类与型号的配置 1.2.2 能依据特殊作业要求与规范，正确完成任务载荷设备的安装 1.2.3 能依据作业程序与飞控参数，完成任务载荷作业模式与程序适应性调整 1.2.4 能根据作业程序，完成飞行控制与任务载荷模拟运行联调
	1.3 系统任务准备	1.3.1 能依据作业需求与选配的无人机系统，完成飞行作业方案的设计 1.3.2 能完成定位系统失效、动力失效等应急情况处置预案的设计与制定 1.3.3 能完成作业小组内其他无人机运行相关人员飞行准备工作程序的指挥 1.3.4 能完成飞行准备阶段内无人机平台、地面控制站检查测试情况的监控

2 飞行任务操作	2.1 无人机视距内起降	2.1.1 能安全地操纵姿态模式（即辅助定位系统不工作）下的多旋翼（或固定翼、或直升机）起飞 2.1.2 能安全地操纵姿态模式下的多旋翼（或固定翼、或直升机）降落 2.1.3 能安全稳定地操纵姿态模式下的多旋翼（或直升机）视距内定高定点悬停中持续偏航（或姿态模式下的固定翼视距内定高盘旋飞行）
	2.2 无人机视距内机动飞行	2.2.1 能在系统性能限制范围内，安全稳定地操纵姿态模式下的多旋翼（或直升机）执行向空间内某点斜向匀速定高移动（或姿态模式下的固定翼在视距内定高协调转弯） 2.2.2 能安全稳定地操纵姿态模式下的多旋翼（或固定翼、或直升机）执行平飞“8 字”航线飞行 2.2.3 能在系统性能限制范围内，依据应急预案，安全操纵飞行控制系统姿态稳定功能不工作的多旋翼（或固定翼、或直升机）执行应急返航的操作
	2.3 无人机超视距作业飞行	2.3.1 能对规划的作业航线进行安全性检查 2.3.2 能依据作业要求与系统操作程序，进行一般性超视距飞行任务的组织与指挥 2.3.3 能依据飞行日志数据，实时对无人机运行状态进行分析 2.3.4 能依据实际运行环境与系统性能，对飞行任务方案进行必要性调整 2.3.5 能依据应急预案，在超视距航线飞行过程中完成应急返航操作
3 系统运行后端作业及维护	3.1 作业数据处理	3.1.1 能按照作业需求，对采集的视频或图像信息进行处理 3.1.2 能依据作业需求，对采集的其他形式信息进行处理 3.1.3 能按照作业具体情况，完成本次飞行作业任务报告的编制
	3.2 无人机日常检查维护	3.2.1 能完成无人机系统一般性维护的组织 3.2.2 能遵照系统维保手册完成对机体各易损易老化部件的检查与更换 32.3 能遵照系统维保手册完成机体内个别零件或导线的检查与配换操作 3.3.3 能按照系统维保手册完成无人机系统各传感器或仪表的检查与配换操作
	3.3 无人机系统试飞数据采集	3.3.1 能按照无人机试飞要求，完成无人机运行包线数据的采集 3.3.2 能按照无人机试飞要求，完成无人机异常状态与飞行状态对应数据采集 3.3.3 能按照无人机试飞要求，完成无人机不同飞行状态下运行性能数据采集

本章小结

本章主要介绍了 1+X 无人机驾驶考试的相关知识，主要包括无人机的实际飞行练习和无人机驾驶职业技能等级标准。通过对本章的学习，希望读者能够掌握实际飞行的相关练习，为了更安全的起飞无人机，做好万全的准备。

习题 9

1．简述斜坡练习？

2．简述无人机驾驶职业技能等级要求（高级）的相关任务。

第 10 章　无人机大赛任务解读

【本章导读】

本章内容以各省市及国家级赛事为例，旨在为读者呈现赛事规则及程序编写的案例，读者能够通过各案例的呈现，感受各级别赛事的难易程度，提前做好赛事备战规划。

【本章重点】

- 2024 年 C 类飞行机器人赛事解读。
- 2023 年湖北省学生信息素养大赛解读。
- 2023 年安徽省自主飞行任务赛解读。

【素质目标】

- 培养学生践行社会主义核心价值观，具有强烈的民族自豪感与使命感。
- 培养学生对人工智能技术的兴趣，真正认识到无人机对社会进步与经济发展的作用。通过学习养成积极思考问题、自主学习和解决问题的习惯和能力。

10.1　2024 年 C 类飞行机器人赛事解读

在 2024 年 C 类飞行机器人赛事分为飞行任务赛与飞行挑战赛两种，分为小学组、初中组、高中组三个组别。参赛选手需要在规定时间内完场飞行任务。

10.1.1　场合与道具说明

1．场地

飞行场地为尺寸约 400 cm×400 cm 哑光刀刮布材质喷绘地图。起飞及降落区分别为 40 cm×40 cm 的正方形，距离外边框约 80 cm。飞行安全围网构成 600 cm×600 cm 的区域，其中任务区的尺寸是 200 cm×200 cm 的正方形，正方形内部为米字形、外部为外切圆，4 段彩色 圆弧的颜色分别为红色（参考色值为 C0 M100 Y100 K0）、黄色（参考色值为 C0 M0 Y100 K0）、蓝色（参考色值为 C90 M90 Y0 K0）和绿色（参考色值为 C80 M0 Y100 K0）。任务点是米字形的 8 个顶点和中心点，明显标注出 A、B、C、D、E、F、G、H 和 I 点，J、K、L、M 为线段 HI、BI、DI、FI 的中点。场地俯视示意图，如图 10-1 所示，场地侧视示意图，如图 10-2 所示。

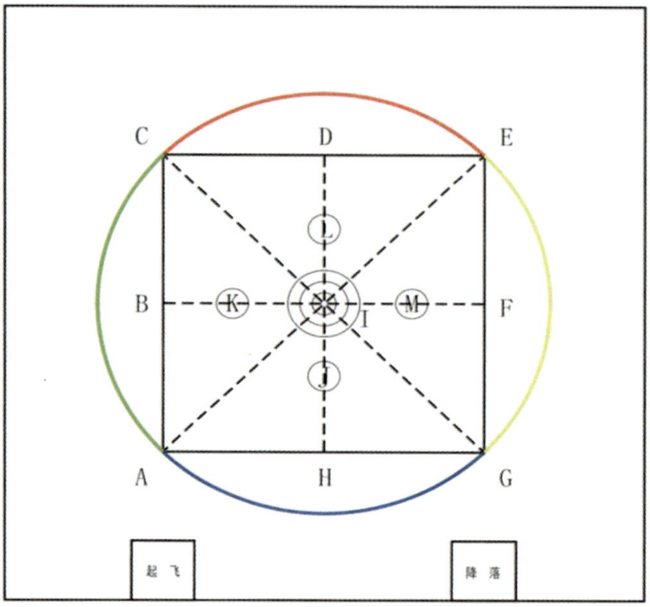

图10-1　场地俯视示意图

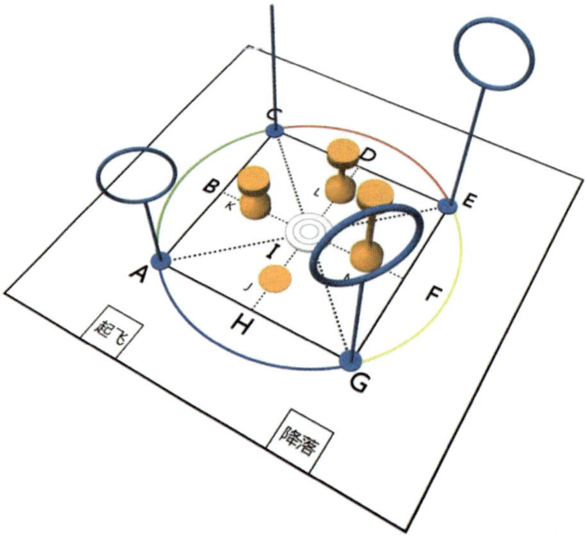

图10-2　场地侧视示意图

2．**道具**

在任务点 A、C、E、G 上方各放置 1 个竖直的障碍物，其高 2° 约为 80～150 cm，外形为 1 个竖杆和 3 个直径分别约为 50 cm、60 cm、70 cm 的圆环，摆放角度随机，在展示过程中保持不变。对障碍物的粗细、颜色及材质均不作要求，固定方式亦可多样，可利用体育练习或健身锻炼的器材制作。

I 点为圆心摆放 3 个直径分别为 15 cm、30 cm、45 cm，高度约为 3 cm 的同心圆底盘。在任务点 J、K、L、M 上方各放置 1 个用于摆放运送物品的平台，平台高度在 0～100 cm 不等，直径约为 30 cm。运送物品最大尺寸不超过 2 cm，材质、重量及颜色不限，以场外观察者肉眼明显能见为佳，允许做镂空处理。

10.1.2　基础任务解读

基础任务，如表 10-1 所示。

表 10-1　基础任务

起飞	起飞后离地高度 50 cm 以上
巡线	从任务点 *A* 开始，再从 *B*、*C*、*D*、*E*、*F*、*G*、*H*、*I* 任务点中随机抽取 3 个，完成线路规划后按字母顺序巡线飞行，如遇弧线区域须巡色环飞行（如 *AC*）
避障	避障从任务点 *A*、*C*、*E*、*G* 中随机抽取两个，按字母顺序依次完成避障飞行
运送	从任务点 *J* 开始，再从 *K*、*L*、*M* 任务点中随机抽取 1 个，通过自动挂运送载将平台上的运送物品投放至以 I 为中心的同心圆盘中（挂载装置必须接触运送物品才有效）
航拍	完成对空中运送任务结果的拍摄，拍摄结果可查询
返航	返回至降落区域

1．起飞（图 10-3）

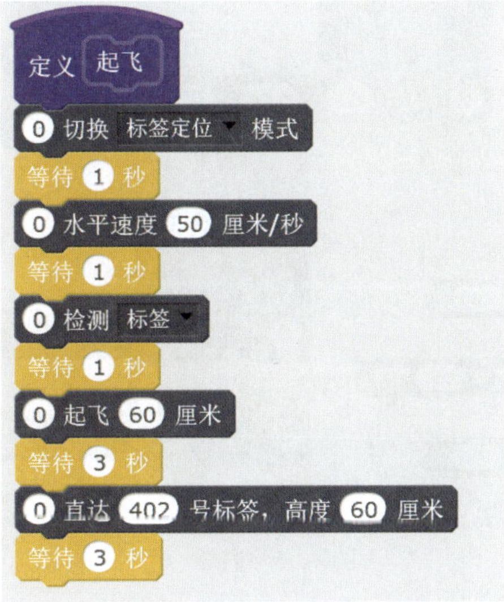

图 10-3　起飞

2．巡线（图 10-4）

巡 *AC* 之间的绿色弧线时，需要先采集绿色的数值。同样，在巡带有颜色的色环时都需要提前采集色环的参数。

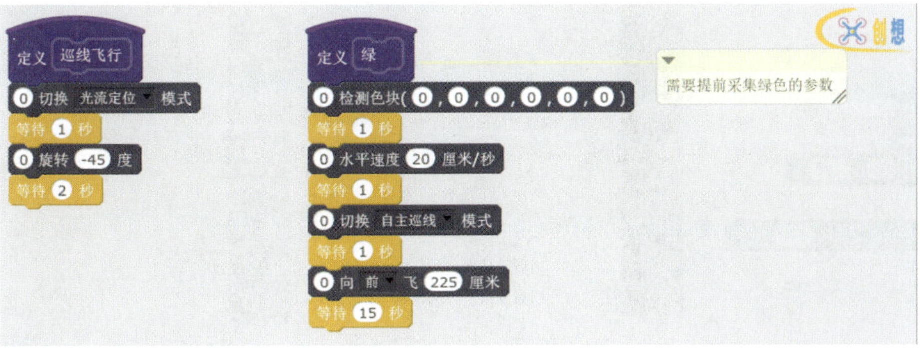

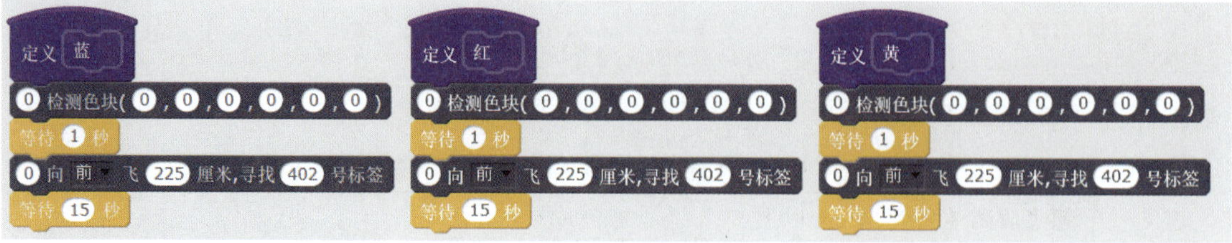

图 10-4　巡线

3．避障（图 10-5）

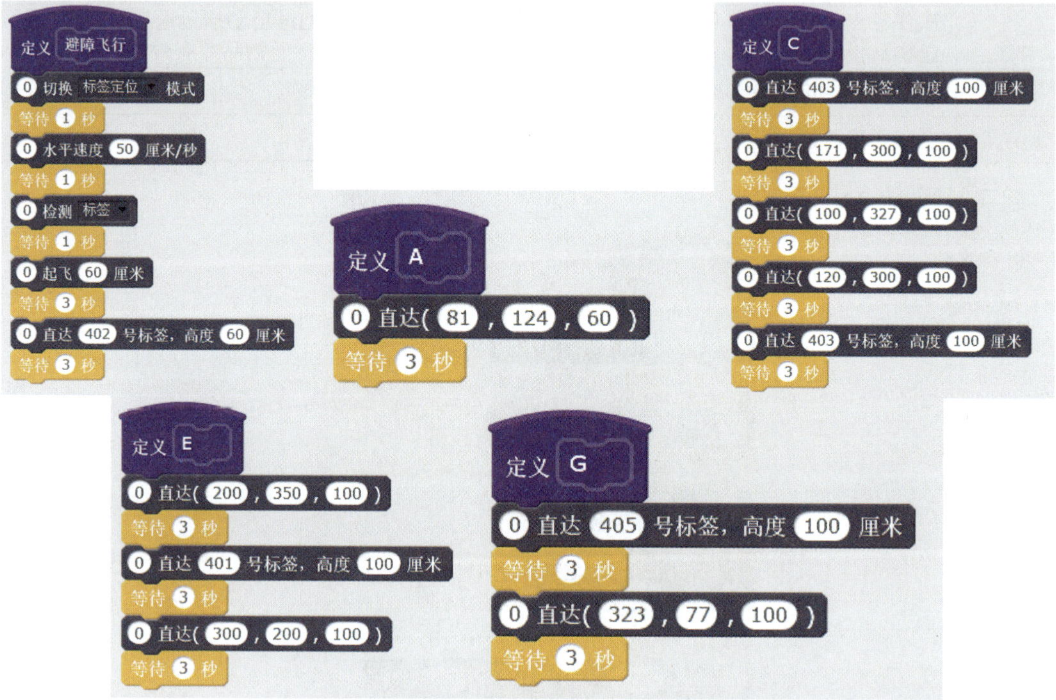

图 10-5　避障

4．运送（图 10-6）

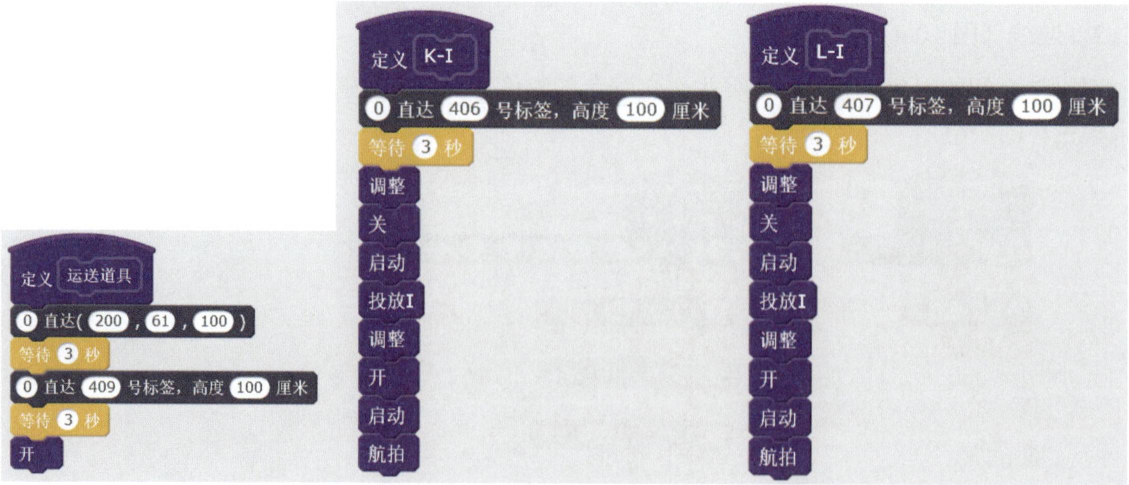

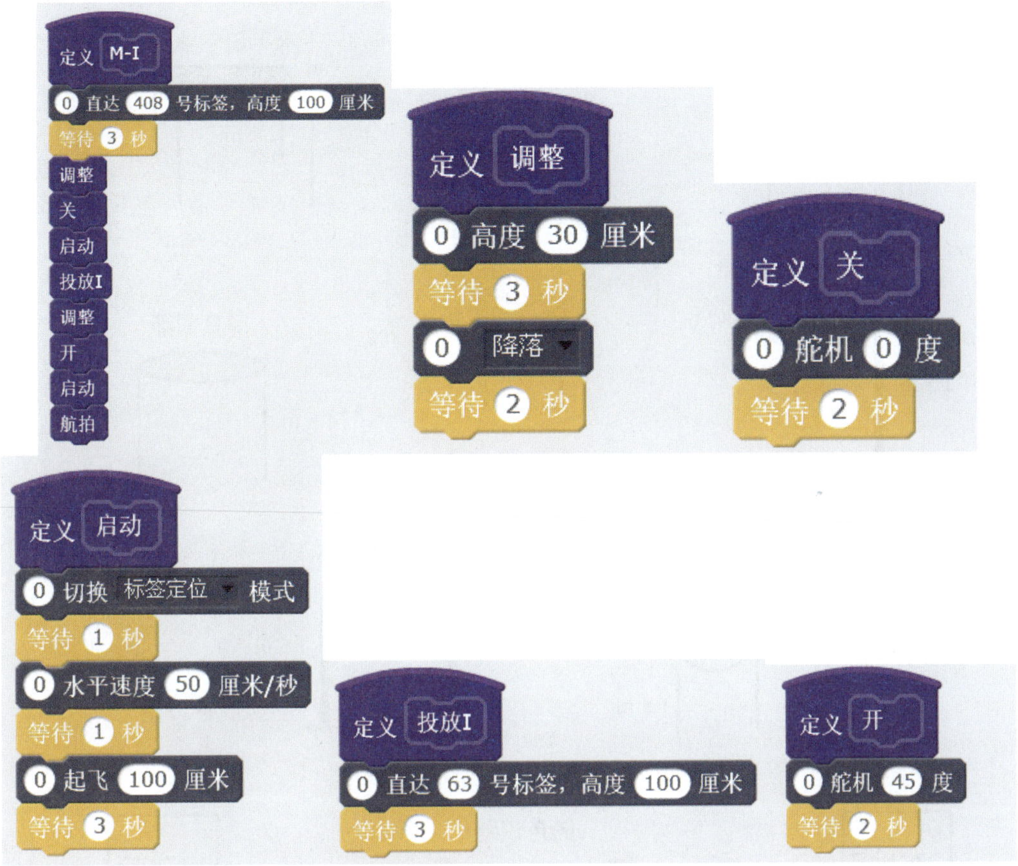

图 10-6　运送

5．航拍（图10-7）和返航（图10-8）

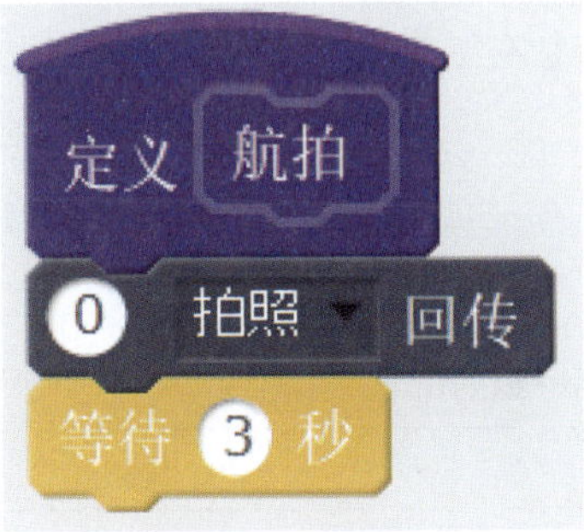

图 10-7　航拍

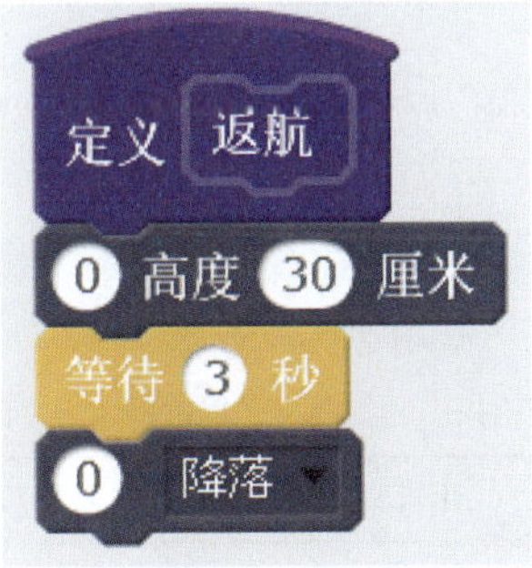

图 10-8　返航

10.2　2023 年湖北省学生信息素养大赛解读

10.2.1　场地与道具说明

场地：5 m×4.5 m 活动用地图（图 10-9）。

室内无风环境，无阳光直射，无垂直照射光线。地图为广告布喷绘材质。

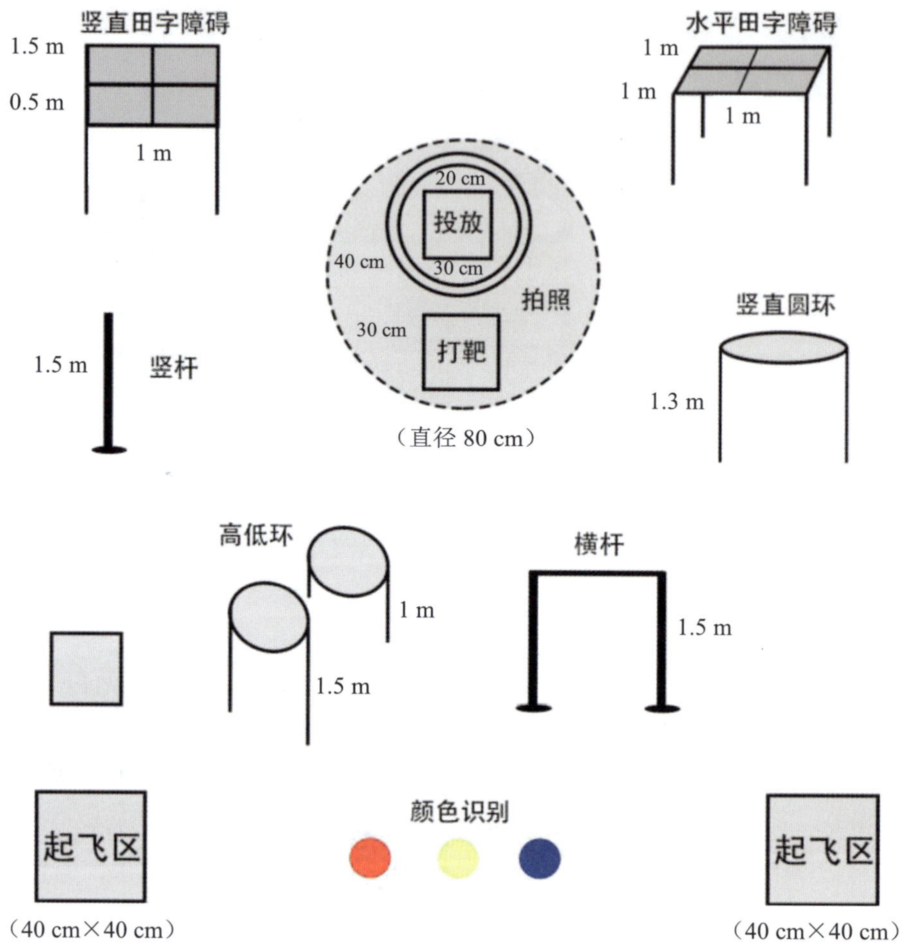

图 10-9　场地示意图

10.2.2　基础任务解读

任务说明（高中组为例），如表 10-2 所示。

表 10-2　任务说明（高中组为例）

1号机	2号机
亮绿灯起飞	亮绿灯起飞
夹取道具	颜色识别（现场抽签）
穿越高低环（圆心穿越）	横杆绕行（360°）
竖杆绕行（360°）	穿越竖直圆环（圆心穿越）
垂直田字障碍（从“田”字的四个小正方形区域分别穿越一次）	水平田字障碍（从“田”字的四个小正方形区域分别穿越一次）
道具投放	电子打靶（击倒靶标）
拍照回传	拍照回传
亮红灯降落	亮红灯降落

以 2 号机飞行任务为例进行基础任务解读。

1．亮绿灯起飞（图 10-10）、颜色识别（现场抽签）（图 10-11）

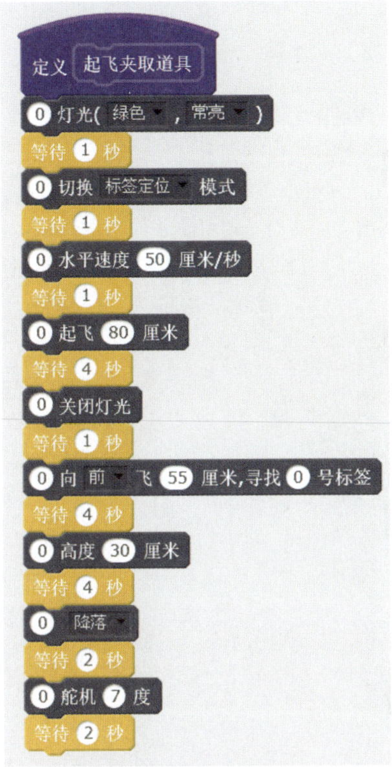

图 10-10　亮绿灯起飞

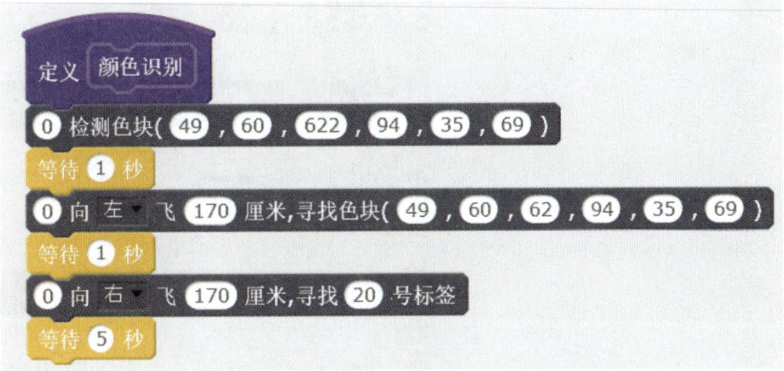

图 10-11　颜色识别（现场抽签）

2．横杆绕行（360°）（图 10-12）、穿越高低环（圆心穿越）（图 10-13）

图 10-12　横杆绕行（360°）

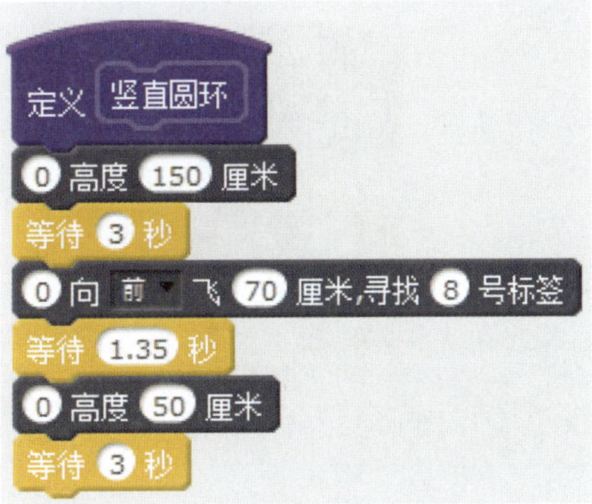

图 10-13　穿越高低环（圆心穿越）

3．水平田字障碍（从“田”字的四个小正方形区域分别穿越一次）（图 10-14）

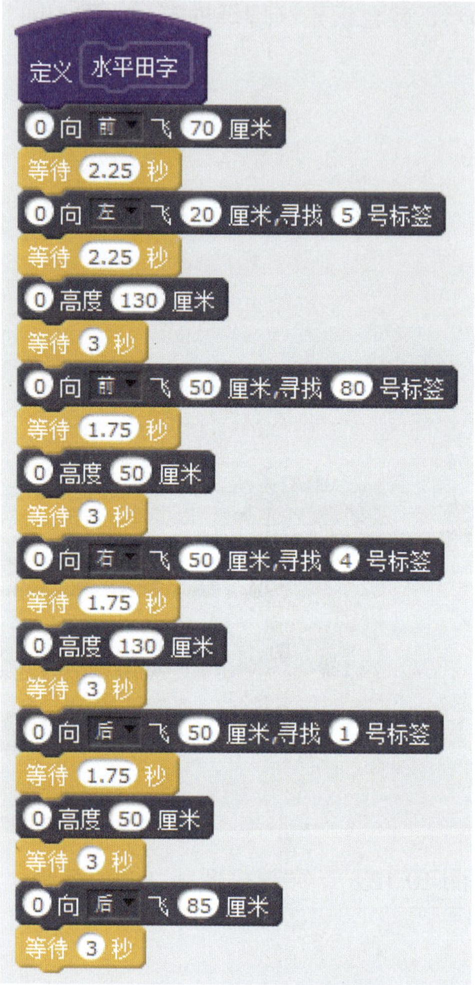

图 10-14　水平“田”字障碍

4．电子打靶（击倒靶标）（图 10-15）、拍照回传（图 10-16）

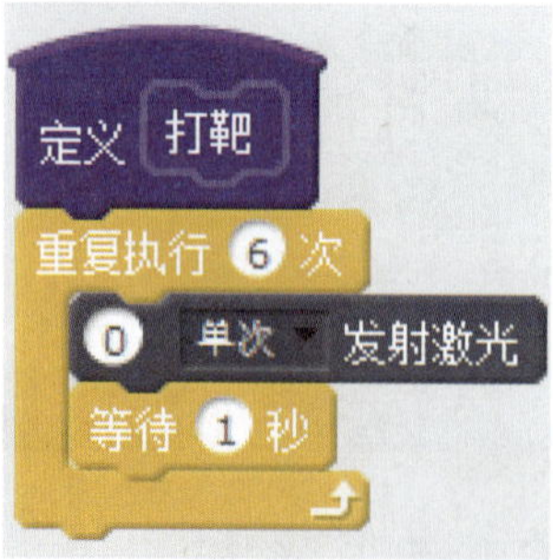

图 10-15　电子打靶（击倒靶标）

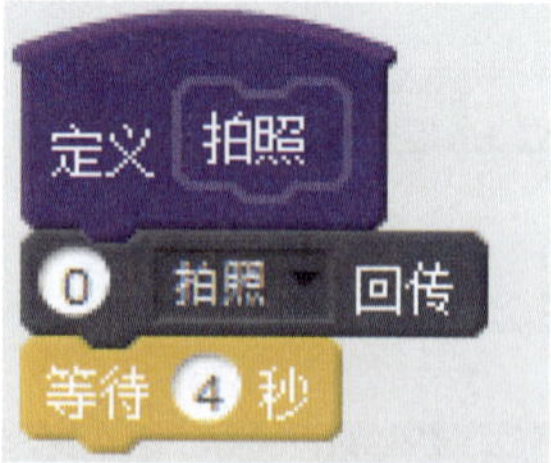

图 10-16　拍照回传

5．亮红灯降落（图 10-17）

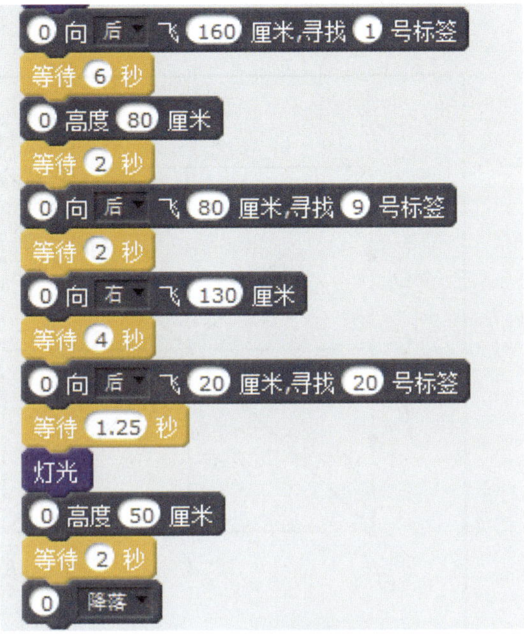

图 10-17　亮红灯降落

10.3　2023 年安徽省自主飞行任务赛事解读

10.3.1　场合与道具说明

1．场地

场地边长为 400 cm×300 cm 的长方形。起飞区边长为 40 cm 的正方形。任务区为 200 cm 的正方形，正方形中成米字形。任务点分别是米字形的 8 个顶点、中心点和 4 个障碍物点，如图 10-18 所示在各点附近有明显标注，引导飞行用的二维码或其他标记不能将标注字母遮盖。*K*→*M*→*E*→*F*→*G*→*M*→*A*→*L*→*K* 处引导线线宽 3 cm。在场地中心 *M* 点处如图放置由 19 个纸杯紧挨着组成的 3 圈纸杯接物区，中心为 1 个纸杯，它的外围是由 6 个纸杯组成的第 2 圈，再外围是由 12 个纸杯组成的第 3 圈。所有纸杯杯口向上紧挨着摆放，纸杯在地面上固定住。所有纸杯的杯口敞开，杯内的底部须保持白色其内部不得放置定位用的二维码或其他标志，纸杯内壁和杯口按照下列要求颜色以便于区分。最内层即中心的 1 个纸杯为浅红色，第 2 圈 6 个纸杯为浅黄色，第 3 圈 12 纸杯为浅绿色。在 *X*1、*X*2 点（*X*1、*X*2 为 *B*、*D*、*H*、*J* 中任意两点）将各放置两根高度约 150 cm 的竖杆，该杆竖直放置，与地面垂直。在 *Y*1、*Y*2 点（*Y*1、*Y*2 为 *B*、*D*、*H*、*J* 中任意两点）将各放置两个直径约为 50 cm 的圆圈，该圆圈竖直放置，圈平面与地面垂直，圆圈中心离地高度在 50～150 cm。竖杆和圆圈赛道的具体位置及圆圈中心离地高度在参赛队检录后抽签确定。模型位置一旦确定，各场比赛不再改变。比赛中实际使用的任务模型在结构、颜色上可能与本规则上的图形稍有不同，参赛队应具备适应能力。场地示意图如图 10-18 所示，飞行场地侧视示意图如图 10-19 所示。

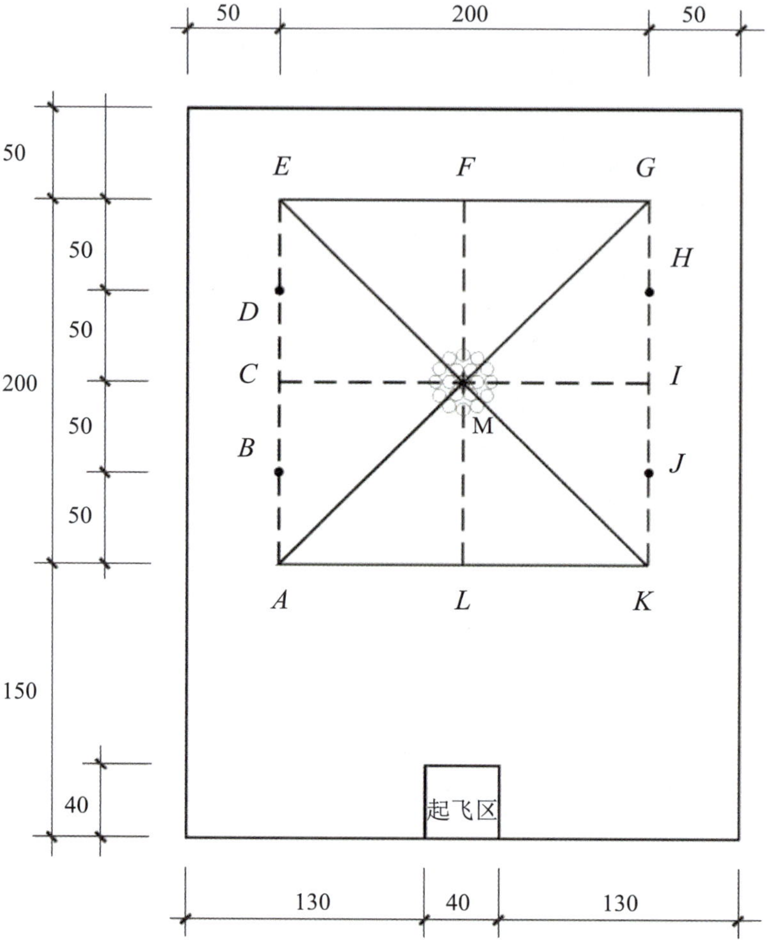

图10-18　场地示意图

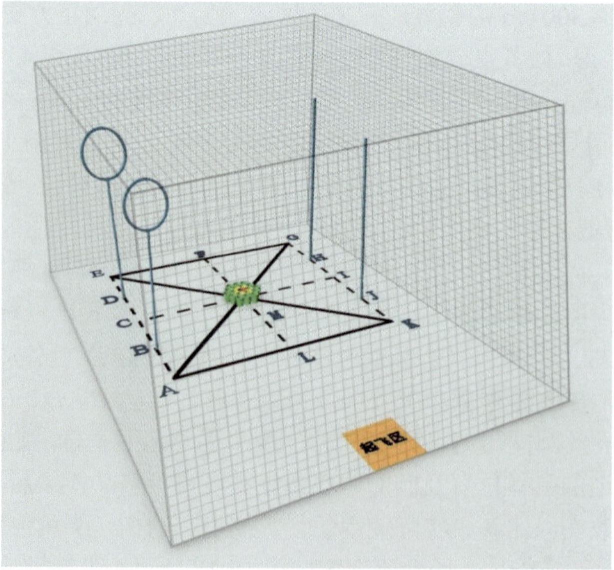

图10-19　飞行场地侧视示意图

2. 道具

纸杯接物区中纸杯为 19 个喝水用的一次性纸杯，杯口直径约为 7.5 cm，杯底直径约为 5.3 cm，高度约为 8.6 cm，纸杯颜色如上所述。投掷物品边长 1 cm（误差在 3 mm 内）的 3 个立方体，1 个立方体质量在 10 g 以内，投掷物品由组委会提供，且不允许进行任何改装。

10.3.2 任务说明（以初中组为例）

1. 基础任务

基本任务为无人机模拟进行“飞行练习”。要求让无人机从起飞区出发后按顺序分别通过 *A*、*B*、*C*、*D*、*E*、*F*、*G*、*H*、*I*、*J*、*K*、*M*、*E*、*F*、*G*、*M*、*A*、*L*、*K* 和 *M* 各点，完成“飞行练习”的各项子任务并返回起飞区降落，任务总时长不超过 3 min，无人机启动起飞开始计时，3 min 后完成的部分任务视作无效。所有任务均由学生独立编写程序并完成任务执行。无人机在完成任务的过程中其垂直投影如果飞离场地边框外侧也视作任务失败。

① 让无人机从起飞区起飞，记 5 分。

② 起飞后径直飞到 *A* 点，在 *A* 点处有明显悬停，记 3 分；由 *A* 点通过 *C* 点飞到 *E* 点，在 *E* 点处有明显悬停，记 3 分。

③ 从 *E* 点经 *F* 点飞到 *G* 点，相邻标记点记 5 分，共记 10 分，在 *F* 点无人机须做一下明显的左右摇摆或左右平移，记 5 分。

④ 从 *G* 点经 *I* 点飞到 *K* 点；在 *G*、*K* 点处有明显悬停，各记 3 分，共记 6 分。

⑤ 在 *X* 点或 *Y* 点须绕竖杆作水平 360° 以上绕行，绕行时高度和方向均不作要求但不能越过场地边线之外，记 16 分。

⑥ 在 *X* 点或 *Y* 点须通过竖着的圆圈内部，记 16 分。

⑦ 从 *K* 点沿实线作轨迹循线飞行，即 $K \to M \to E \to F \to G \to M \to A \to L \to K$，相邻标记点记 2 分，共记 16 分。

⑧ 从 *K* 点飞到 *M* 点后，无人机的机头方向对着 *L* 点，悬停并闪烁灯光 3 次，至少 3 s，记 10 分。

⑨ 返航至起飞区降落，完成全部基本任务，记 10 分。

降落成功的标准是无人机至少有一处投影在起飞区。飞行过程中，每当途径 *A*、*E*、*G*、*K* 这 4 个点时，均须做出明显的定点悬停后再继续飞行。无人机在执行基本任务时中途不能落地，否则所做任务将被认作无效。整个基本任务的完成度越高、用时越短，说明飞行规划越精确，任务完成得越好。

2. 挑战任务

挑战任务是无人机模拟进行“定点抛投”。一旦开始挑战任务，则不允许进行基本任务。从起飞区再出发， 把放置在起飞区内的 3 个物品依次投入接物区的纸杯里面，然后返航至起飞区降落。挑战任务是选做任务，可以不做。

执行挑战任务时，只能用基本任务中用过的无人机不得更换，但允许在执行挑战任务开始前临时加装已经准备好的夹取或其他挂载装置，挑战任务开始前允许更换无人机电池。

物品的挂载可以采用无人机自动夹取或其他方法，亦允许手动挂载；可以每次挂载一个物品，分三次完成抛投，亦可一次性挂载多个物品后至中心 M 点上方依次抛投，以节省任务的执行时间和减少能源的消耗。

挑战任务从挂载第一个物品起飞开始计时，如多次往返则中途计时延续不停，直至最后将所有物品投入纸杯并返航降落时计时停止。挑战任务的最长时间为 3 min，超过 3 min 投入的物品视作无效。

整个挑战任务中，挂载物品实现自动化、抛投的物品越接近中心 M 点的纸杯、完成挑战任务用时越短，说明飞行规划越精确，任务完成得越好。

10.3.3　基础任务解读

1．顺利起飞（图 10-20）

图 10-20　顺利起飞

2．正确完成绕杆（图 10-21）

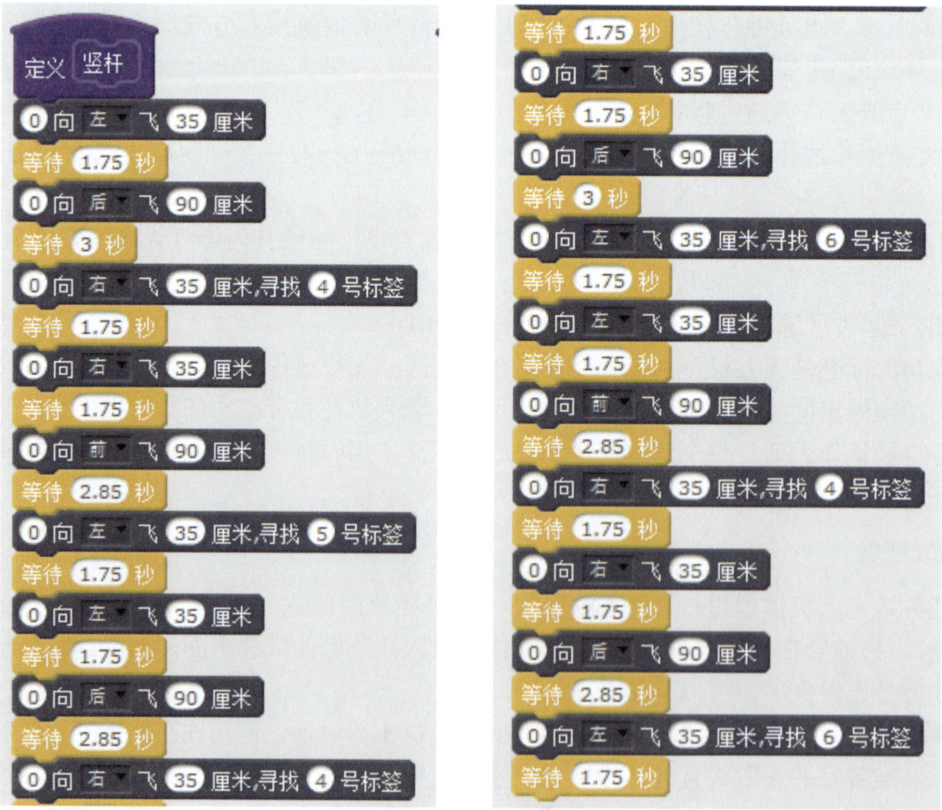

图 10-21　正确完成绕杆

3．正确完成直线飞行（$E \to G$）（图 10-22）、完成左右摇摆（F）（图 10-23）

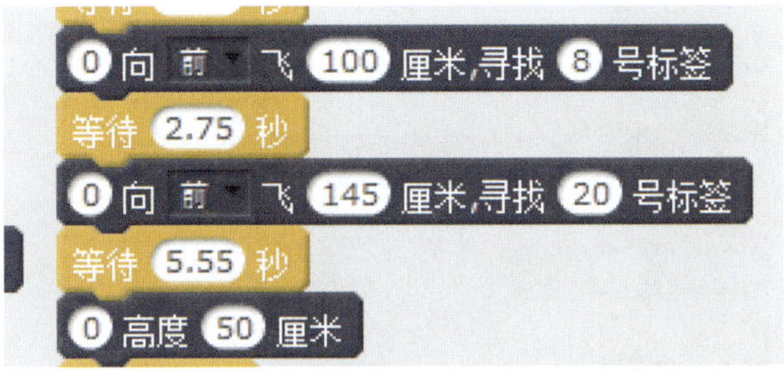

图 10-22　正确完成直线飞行（E→G）

图 10-23　正确完成左右摇摆（F）

4．正确完成竖圈（图 10-24）、完成循线飞行（$K \to M \to E \to F \to G \to M \to A \to L \to K$）（图 10-25）

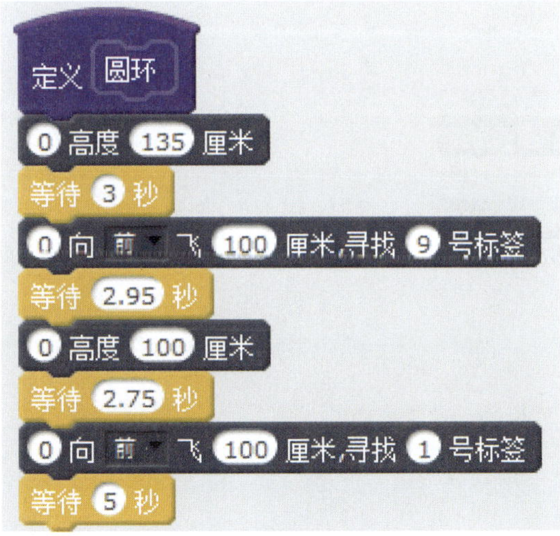

图 10-24　正确完成竖圈

图 10-25　正确完成循线飞行

5．机头对着 L 点悬停并闪烁灯光（图 10-26）

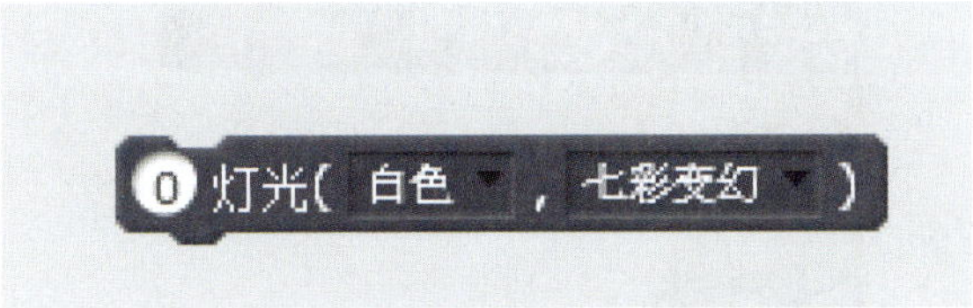

图 10-26　机头对着 L 点悬停并闪烁灯光

6．完成 4 点悬停（A、E、G、K）（图 10-27）；顺利返航，正确降落（图 10-28）

图 10-27　完成 4 点悬停（A、E、G、K）

图 10-28　顺利返航，正确降落

10.3.4　挑战任务解读

物品抛投如图 10-29 所示。

图 10-29　物品抛投